Cyber-Talk

Rupert Sheldrake
Terence McKenna
Ralph Abraham

Cyber-Talk

Mutige Anstöße für die Vernetzung
von wissenschaftlichem Fortschritt
und Heilung der Erde

Aus dem Englischen
von Michael Schmidt

Scherz

Erste Auflage 1998

Published by Arrangement with Authors.
Titel des Originals: «Evolutionary Mind».

Inhalt

Vorwort

Seit wir uns 1982 in Kalifornien kennengelernt haben, sind wir gute Freunde und haben uns von da an in regelmäßigen Abständen immer wieder in den USA und in England getroffen. Wenn wir zusammen waren, haben wir die meiste Zeit miteinander Ideen durchgespielt, miteinander diskutiert, spekuliert und die Gegenwart der anderen genossen. Unsere beruflichen Interessen und Backgrounds sind ganz unterschiedlich: Ralph ist ein Experte der Chaos-Mathematik und ein Pionier auf dem Gebiet der Computergrafik; Terence hat intensive psychedelische Studien betrieben und ist Ethnopharmakologe und Zeittheoretiker; Rupert ist ein streitbarer Biologe, der weltweit bekannt ist für seine Hypothese der morphischen Resonanz, jener Vorstellung, daß in der Natur eine Art Gedächtnis angelegt ist. Wir interessieren und begeistern uns auch gemeinsam für viele Dinge, und nicht zuletzt verbindet uns die Liebe zu Indien, wo wir alle zu unterschiedlichen Zeiten eine Weile gelebt haben.

Schon bald entdeckten wir, daß diese dreigleisigen Diskussionen besonders anregend und fruchtbar waren – zumindest für uns. Wir hätten nie gedacht, daß unsere Treffen etwas anderes sein könnten als private Zusammenkünfte von Freunden. Aber nachdem wir diese zwanglosen Unterhaltungen etwa sechs Jahre lang gepflegt hatten, wurden wir von Nancy Lunney vom Esalen Institute in Big Sur, Kalifornien, eingeladen, zusammen ein Wochenendseminar abzuhalten. Die Folge davon war, daß unsere Trialoge im September 1989 öffentlich bekannt wurden. Diese Diskussionen bildeten –

zusammen mit anderen, die wir privat im Lauf der nächsten beiden Jahre in Esalen abhielten – die Basis für unser Buch *Trialogues at the End of the West*, das 1992 in den USA erschien und im folgenden Jahr auf deutsch unter dem Titel *Denken am Rande des Undenkbaren.*

Dieses Buch ist ferner ins Französische, Holländische, Polnische, Portugiesische und Spanische übersetzt worden, und viele Menschen haben uns mitgeteilt, daß sie es anregend fanden und daß es lebhafte Diskussionen im Freundeskreis ausgelöst habe. Daß Ideen und Unterhaltungen auf diese Weise Verbreitung finden können, hat uns ermutigt, und so hoffen wir denn, daß das neue Buch diesen Prozeß noch mehr vorantreiben kann.

Wir sind auch weiterhin zusammengekommen, wenn sich die Gelegenheit dazu ergab, und das vorliegende Buch basiert auf Diskussionen in Esalen im September 1992, in Hazelwood House im westenglischen Devonshire im Juni 1993 und in Terence' Regenwaldrefugium an den Abhängen des Vulkans Mauna Loa auf Hawaii im September 1994.

Diesem Buch haben wir den Titel *Cyber-Talk* gegeben, weil er am besten die gemeinsamen Themen unserer Überlegungen und Gespräche zusammenfaßt. Die meisten sind stark beeinflußt vom Gedanken der Evolution – des Lebens, der Wissenschaft, der Technik, der Kultur, ja des gesamten Kosmos –, ebenso aber von den Aussichten auf ein künftig erheblich größeres Verständnis von geistigen Phänomenen, auf eine allgemeine Erweiterung der Erfahrung und auf Wandlungen des Bewußtseins jenseits all dessen, was wir uns gegenwärtig vorstellen können.

Ralph Abraham

Terence McKenna

Rupert Sheldrake

1 *Basiswissenschaft*

RUPERT: Je professioneller und institutionalisierter der Wissenschaftsbetrieb wird, desto umfassender werden Aufgabengebiet und Machtanspruch der von der öffentlichen Hand geförderten und die Industrie bedienenden «Großwissenschaft». Immer mehr Forschungskapazitäten werden in riesige Projekte wie Teilchenbeschleuniger und das Genomprojekt investiert. Dabei bleibt es nicht aus, daß diese Projekte den traditionelleren, weniger kostenintensiven und weniger prestigeträchtigen Wissenschaftsgebieten Kapital, Prestige und Forscherpersönlichkeiten wegnehmen. Dieser Trend zur Großwissenschaft läuft derzeit auf Hochtouren. Der Zugang zum großen Geld ist dabei, die gesamte Struktur der Wissenschaft zu dominieren. Damit setzt sich der Prozeß der Professionalisierung und Institutionalisierung fort, der in unserem Jahrhundert auf den wichtigen Gebieten der Naturwissenschaft Einzug gehalten hat.

Im 18. und 19. Jahrhundert herrschten noch ganz andere Verhältnisse. Charles Darwin beispielsweise hatte nie eine akademische Position an irgendeiner Institution inne. In seinen Büchern, etwa in meinem Lieblingsbuch *Das Variieren der Tiere und Pflanzen im Zustande der Domestikation*, leitet er seine Forschungsgrundlage aus den praktischen Beobachtungen von Pflanzen- und Tierzüchtern, Dompteuren, Taubenliebhabern, Kolonialbeamten und so weiter ab. Mit anderen Worten: In die von Darwin betriebene Naturwissenschaft ging ein ungeheurer Reichtum an Erfahrungswissen ein, das vorwiegend nicht aus staatlich unterstützten wissenschaftlichen Institutionen stammte.

Heute bietet sich uns ein völlig anderes Bild, da die nichtprofessionelle Erfahrungswelt immer mehr eine Randexistenz führt. Forschung darf man eigentlich nur betreiben, wenn man promoviert hat, einem Institut angehört, ein Stipendium bekommt und einen entsprechenden Antrag formulieren kann, der ein Komitee aus lauter professionellen Wissenschaftlern beeindruckt. Der Wissenschaftsbetrieb bewegt sich immer weiter in dieser Richtung und wird außerdem zunehmend kommerzialisiert. Ich frage mich, ob das wirklich so sein muß. Könnte es nicht ein neues Modell geben? Ich glaube, ein neues Wissenschaftsmodell ist nicht nur möglich, sondern wünschenswert, ja, nicht nur wünschenswert, sondern unabdingbar.

Zum einen nämlich ist die Öffentlichkeit nicht mehr bereit, die Wissenschaft im bisherigen Maße mitzutragen. Die Gentechnik kommt in den Medien sehr schlecht weg, und die biotechnische Forschung erweckt mehr Angst als Bewunderung. Das gilt auch für die Kernforschung, die Teilchenphysik, die militärisch orientierte Weltraumforschung sowie für viele andere Aspekte der Großwissenschaft. Die Menschen machen das wissenschaftliche Establishment für die Umweltkrise, die atomare Umweltverschmutzung, die industriell betriebene Landwirtschaft, für Chemikalien in der Nahrung und für den Giftmüll verantwortlich – ob zu Recht oder Unrecht, sei dahingestellt. Die öffentliche Unterstützung der Wissenschaft nimmt ständig ab, und der Staat hat es auf der Suche nach Kosteneinsparungen auch ziemlich leicht, Wissenschaftsetats zu kürzen. Damit verliert man nicht viele Wählerstimmen, im Gegenteil, es könnte sogar populär sein.

Das nachlassende öffentliche Ansehen und die Sparmaßnahmen haben zu einem Niedergang der wissenschaftlichen Moral geführt, und der Prozentsatz junger Menschen, die studieren wollen, geht in England und in vielen anderen Ländern zurück. Viele Wissenschaftler sind sehr entmutigt, und es sieht ganz danach aus, daß das Goldene Zeitalter der immer größer werdenden Wissenschaftsetats in den sechziger und siebziger Jahren vorbei ist, vielleicht für immer. Andererseits ließe sich unter diesem Gesichtspunkt eine mögliche neue wissenschaftliche Methodik eher realisieren. Sie ist jedenfalls notwendig, und zwar aus wirtschaftlichen und politischen Gründen.

Zum Glück ist die ganzheitliche Forschung viel billiger als die reduktionistische Forschung. Untersucht man ganze Systeme, benötigt man normalerweise nur geringe Mittel. Umgekehrt gilt: Je kleiner der Untersuchungsgegenstand ist, desto größer ist der Apparat und desto mehr Mittel sind erforderlich. Zur Erforschung der kleinsten Kernteilchen benötigt man kilometerlange Beschleunigungsanlagen, die Milliarden kosten.

Ich bin zu der Einsicht gelangt, daß interessante und wichtige Forschungsprojekte mit sehr geringen Mitteln von Studenten oder Amateuren außerhalb des Wissenschaftsbetriebs realisiert werden können. In meinem Buch *Sieben Experimente, die die Welt verändern könnten. Anstiftung zur Revolutionierung des wissenschaftlichen Denkens* schlage ich sieben Experimente vor, die alle unsere derzeitigen Paradigmen durchbrechen und meist für weniger als 50 Dollar durchgeführt werden könnten. Ein Beispiel ist die Forschung anhand von Hunden und Katzen, die wissen, wann ihr Herrchen oder Frauchen nach Hause kommt (siehe dazu Kap. 6).

Ich glaube, die richtigen Bedingungen für ein neues Erwachen, eine neue Wiedergeburt der Forschung, einer demokratischeren Art von Wissenschaft, an der mehr Menschen beteiligt werden können, sind gegeben. Wenn man es recht bedenkt, existiert das Wissen, auf das Darwin zurückgriff, auch heute noch – ja, sogar mehr als je zuvor. Da gibt es Zigtausende von Amateurpflanzenzüchtern, beispielsweise Orchideenzüchter, die für ihre Pflanzen keine Mühe und Kosten scheuen und teilweise neue Orchideensorten züchten. Da gibt es Vereine für Rosenfreunde, Kakteenfreaks und so weiter, deren Mitglieder Exemplare tauschen und miteinander ihre Erfahrungen und ihr Wissen teilen. Vermutlich hat es auf der ganzen Welt noch nie so viele Millionen von Tauben-, Hunde- und Kaninchenzüchtern gegeben wie heute. Da gibt es Menschen, die Pferde und Hunde dressieren, Falkner, die Falken abrichten. Noch immer gibt es altmodische Naturliebhaber wie zum Beispiel Vogelbeobachter. In Millionen von Haushalten stehen auch Computer, wie es sie früher nur in großen Instituten gab und mit denen fast jeder komplizierte mathematische Analysen erstellen kann. Außerdem gibt es da noch den Bereich der psychedelischen Erfahrung, auf dem die professionelle Forschung nur sehr begrenzt aktiv ist, während Amateure bereits nachhaltige Erfahrungen gesammelt haben.

Zusammenfassend können wir also sagen, daß gegenwärtig eine große Menge an Wissen über Amateurnetzwerke und -vereine zur Verfügung steht, das von der institutionalisierten Wissenschaft fast völlig ingnoriert wird und auch ohne jede Unterstützung von außen immer größer wird. Auf dieser Grundlage ließe sich eine neue Art von Basiswissenschaft entwickeln, sei es durch die Erweiterung bestehender Netzwerke, sei es durch die Errichtung regionaler Forschungsnetzwerke. Diese Basiswissenschaft sollte nicht als Konkurrenz zur bestehenden Wissenschaft gesehen werden, sondern als Ergänzung. Diese beiden Systeme könnten einander wechselseitig befruchten und beeinflussen.

RALPH: Das hört sich wunderbar an, und wenn sich das so einfach verwirklichen ließe, wie du es geschildert hast, dann könnte der Niedergang der Wissenschaft aufgehalten werden. Für gescheite junge Menschen wäre das eine große Chance, und es ließen sich dadurch mehr und bessere Informationen sowie ein umfassenderes Weltverständnis vermitteln. Ich halte dies selbstverständlich für wünschenswert, auch wenn es mir wie vielen normalen Menschen geht und mein Vertrauen in die Wissenschaft abgenommen hat – genau aus den Gründen, die du genannt hast. Es kommt mir allerdings recht unwahrscheinlich vor, daß das wissenschaftliche Establishment ein neues Modell einer Basiswissenschaft akzeptieren würde. Dazu müßte das gesamte wissenschaftliche Establishment durch neue junge Menschen ersetzt werden, die in diesen neuartigen Forschungsgruppen groß geworden sind, und dem müßte eine Reihe von Entwicklungen vorangehen, die man sich zur Zeit nur schwer vorstellen kann. Für mich liegt ein Problem in der Ausweitung der Netzwerke und in einem für jedermann offenen Zugang zu Forschungsergebnissen, so wie das in der Großwissenschaft dank der Veröffentlichung in Fachzeitschriften mit einem kritischen Fachpublikum funktioniert. Allein schon das Wachstum der Bevölkerung, der Zivilisation und des wissenschaftlichen Establishments bedeutet ja, daß es eine immense Datenmenge gibt, die nicht zugänglich wäre, würde sie nicht vermittelt, zur Verfügung gestellt oder in Bibliotheken oder sonstwo archiviert werden. Ich glaube, der Schlüssel zur Entwicklung eines neuen Modells liegt in der Entwicklung eines neuen Kommunikationsmodells zur Vermittlung der Forschungsergebnisse.

Es würde nicht ausreichen, wenn jede Gruppe von Taubenliebhabern in South Burlington, Vermont, eine eigene Zeitschrift oder ein eigenes regionales Mitteilungsblatt hätte. Man müßte dann zu viele Mitteilungsblätter lesen. Wie werden die regionalen Netzwerke organisiert sein und miteinander kommunizieren? Der geheime Schlüssel, der den Erfolg dieser neuen Entwicklung erst ermöglicht, ist der Aspekt der Kommunikation in der Computerrevolution: elektronische Schwarze Bretter, Computernetzwerke, zentrale elektronische Bibliotheken und heute noch unvorstellbare Entwicklungen zur Achivierung und Vermittlung von Forschungsinformationen. Erst wenn jeder einen Zugang zu den vorliegenden Forschungsergebnissen hat und sich leicht einen Überblick über all das verschaffen kann, was auf einem bestimmten Gebiet geleistet worden ist – erst dann kann aus diesem Traum Wirklichkeit werden.

Vielleicht ist aber gerade der Mangel an dieser Art von erfolgreichen Kommunikationsmöglichkeiten der wahre Grund dafür, daß sich die Großlaboratorien und Großwissenschaften überhaupt dermaßen entwickeln konnten. Die Regierungsverwaltungen haben herumprobiert, experimentiert und zu ihrer eigenen Befriedigung nachgewiesen, daß die Investition von viel Geld in das Großlaboratorium mehr hermacht, als wenn man kleinere Zuschüsse an eine große Zahl kleiner Labors verteilt. Natürlich benötigen diese kleinen Gruppen ebenfalls Zuschüsse. Sie brauchen eine gewisse Unterstützung und Ausstattung. Auch preiswerte Wissenschaft kostet noch immer etwas.

RUPERT: Nimm doch nur mal die Taubenliebhaber – sie haben ja schon Zeitschriften; in England beispielsweise gibt es gleich mehrere, etwa die *Racing Pigeon Weekly*. Keine von ihnen erhält Zuschüsse. Sie kaufen sich ihre Tauben selbst, hegen und pflegen und züchten sie, und es gibt ein ganzes System von Wettbewerben und Preisen für die Gewinner dieser Veranstaltungen. Das Ganze finanziert sich ausschließlich selbst. Es existiert auch bereits eine gewisse Kooperation zwischen den verschiedenen Gruppen von Forschern oder Praktikern. Man könnte ihnen bestimmte Fragen stellen, etwa: «Wie finden Brieftauben wieder heim?» Wenn man derartige Fragen formuliert und in der Taubenzüchterpresse veröffentlicht, könnte man eine gewisse Anzahl von Menschen dafür gewinnen, sich an Experimenten zu beteiligen, also beispielsweise die Schläge von den Tauben zu entfernen und zu beobachten, ob sie sie wiederfinden können. Die Ergebnisse würden durch die bestehenden Zeitschriften und Netzwerke verbreitet, und es würde innerhalb wie außerhalb der Gemeinde der Taubenliebhaber zu einer Debatte kommen.

Es käme vor allem darauf an, Fragen zu formulieren, die von größerem Interesse sind als die speziellen Fragen, die innerhalb der bestehenden Gruppen gestellt werden, damit wir ein umfassenderes Bild erhalten.

RALPH: Falls die interessanten Fragen von einer zentralen Stelle kommen und die Phantasie von Gruppen auf der ganzen Welt beschäftigen und falls diese ihre Daten in einem für andere Gruppen lesbaren Standardformat sammeln, dann ließe sich ein größeres regionales oder gar globales Bild entwickeln. Um all diese Informationen zusammenfassen zu können, würde man eine wirklich große Karte oder einen sehr großen Computerbildschirm benötigen – und das liegt doch um einiges über dem Budget dieser kleinen Gruppen.

Dann gäbe es ein Netzwerk, in dem Taubenliebhaber, die heimkehrende Tauben studiert haben, durch eine bestimmte Frage ausgelöste Primärdaten erstellen würden, und dann würden Sekundärgruppen sich die Daten aus anderen Zentren und anderen Ländern beschaffen und beispielsweise bestimmte Hypothesen über die Stärke des morphogenetischen Feldes überprüfen. Damit all dies geschieht, wäre eine beträchtliche Motivation erforderlich. Diese Amateurgruppen haben ja noch Gewohnheiten aus dem 19. Jahrhundert, und zu denen zählt leider nicht, daß sie ihre Ergebnisse per Funk an Zentrallabors und sekundäre Forschergruppen übermitteln, die dann ein größeres globales Bild zu entwickeln versuchen. Die deutlich erkennbaren globalen Umweltprobleme stellen eine mächtige Motivation dar, die diese Gruppen zu einer weltweiten Kooperation miteinander bewegen könnte. Also sind in diesem Zusammenhang schlechte Nachrichten ausnahmsweise mal gute Nachrichten: Die rapide eskalierenden Umweltprobleme werden notgedrungen eine globale Reaktion aller Betroffenen auslösen.

TERENCE: Mir liegt die Reform der Großwissenschaft genauso am Herzen. Ich sehe allerdings in Ruperts Ausführungen nicht so sehr einen praktischen Plan für diese Reform der Wissenschaft als vielmehr einen Hinweis darauf, was an der Wissenschaft nicht stimmt und wie weit wir vom richtigen Weg abgekommen sind. Basiswissenschaft kann sich mit ziemlich handfesten Problemen befassen, aber wenn du speziell wissen willst, wie groß etwa der Neutrinoausstoß der Sonne ist, dann brauchst du dafür kostspielige Instrumente. Die Wissenschaft ist in ihrer Entwicklung im Laufe der letzten tausend Jahre ja nicht nur von den leichten zu den schweren Problemen übergegangen, sondern auch von den billigen zu den teuren Problemen. Heute hat sie es mit derart großangelegten und aufwendigen Projekten zu tun, daß sich für ihre Durchführung sogar mehrere Länder zusammentun müssen. So kann ich mir nicht vorstellen, wie eine Basiswissenschaft jemals ein Supercollider-Projekt oder eine Expedition zum Mars finanzieren und realisieren könnte.

Die Wissenschaft hat sich weitgehend gewandelt: Aus dem schlichten Impuls, die natürliche Welt um uns herum zu verstehen, ist eine Art Teufelsbund zwischen Instrumentarium, Technologie, Kapitalismus und dem militärisch-industriellen Komplex geworden. Bei diesen vier Bereichen geht es um folgendes:

1. Instrumentarium bezeichnet die immensen Kosten wissenschaftlicher Instrumente.
2. Technologie bezeichnet den Umstand, daß die Wissenschaft als Handlangerin moderner Produktforschung eine überwältigende Macht über einen Großteil unseres Lebens gewonnen hat.
3. Kapitalismus bezeichnet die Ansprüche eines Wirtschaftssystems, das den wissenschaftlichen Impuls, die natürliche Welt zu verstehen, verkehrt hat, so daß wir Hunderte von Dollarmillionen ausgeben, um herauszufinden, ob bestimmte Chemikalien in einer Gesichtsseife Allergien auslösen können, während wir keine hunderttausend Dollar dafür aufwenden würden, um einer so grundlegenden und interessanten Frage nachzugehen, wie Tauben zu ihrem Schlag zurückfinden.
4. Der militärisch-industrielle Komplex bezeichnet die großen staatlichen Institutionen, die bedeutende wissenschaftliche Forschungskapazitäten weitgehend mit Beschlag belegt haben.

Wissenschaft wird nicht mehr im Geiste der alten Griechen betrieben, die sich für die Ordnung in der Natur interessierten, sondern um in riesigem Maßstab Geld zu verdienen und es dann günstig anzulegen. Ich gehe sogar so weit zu sagen, daß es gar keine Investitionen gäbe, wenn man sich davon keine Rendite verspräche.

Für mich führt dein Vorschlag weniger zu einer Reform der Wissenschaft als zur Errichtung einer parallelen Institution. Wir könnten sie die «Volkswissenschaft» oder «praktische Wissenschaft» nennen. Ich habe einige der dominierendsten monolithischen Kräfte in unserer Gesellschaft erwähnt. Wie können wir die Dame «Wissenschaft» retten aus den Händen solcher unbeugsamen Feinde des ursprünglichen Impulses der Griechen, einfach die Welt zu verstehen?

RUPERT: Die Antwort liegt zum Teil im Paradigmenwechsel begründet, der sich aus einer Vielzahl von Gründen unabhängig von Politik und Wirtschaft vollzieht, nämlich in Richtung eines eher ganzheitlichen Modells der Wissenschaft. Wie ich bereits sagte, ist eine ganzheitliche Forschung, die sich mit ganzen Systemen befaßt, viel billiger als eine analytische Forschung, die sich kleineren Details widmet. Der Atomismus, die dem Reduktionismus zugrundeliegende Philosophie, legt größten Wert auf die kleinstmöglichen Dinge. Je kleiner das Ding, desto größer der Apparat. Das höchste Prestige ist mit Superconducting Supercolliders verbunden – das sind die größten Apparate, die man bauen kann und die der Untersuchung der kleinsten Materieteilchen dienen. Wenn sich wirklich ein Modellwechsel vollzieht, dann kommt mir die reduktionistische Wissenschaft etwas weniger interessant, weniger relevant, weniger attraktiv vor.

Ihr könnt das gerade in der Medizin erleben. Sofern sich das medizinische Forschungssystem völlig in den Dienst der mechanistischen Medizin stellt, liegt das Schwergewicht auf neuen Methoden der biochemischen Diagnose, die mit gentechnischen Mitteln und High-Tech-Untersuchungsgeräten arbeitet. Inzwischen werden ganzheitliche Heilverfahren erfolgreich in kleineren Städten auf der ganzen Welt angewendet. Man hat sich bisher nur noch nicht ausreichend bemüht, diese Methoden miteinander zu vergleichen und herauszufinden, welche besser als andere funktionieren.

Es ist klar, daß die wirtschaftliche Situation des Medizinsystems mit seinen ständig wachsenden Kosten eine weltweite Krise im Gesundheitswesen provoziert. Wenn wir die Kosten von Herztransplantationen und teuren Untersuchungen reduzieren könnten, indem sich die Menschen mehr auf Meditation, Akupunktur oder homöopathische Heilmittel verließen, könnte das zu einer viel preiswerteren Krankenversicherung und einer andersartigen medizinischen Forschung führen. So ließen sich beispielsweise systematische Befragungen durch Studenten oder lokale Gruppen durchführen, die von den Menschen wissen wollten, welche Krankheiten sie gehabt haben, wie sie ihrer Meinung nach davon geheilt wurden und wie sie die Effektivität der verschiedenen Systeme, die sie angewendet hätten, einschätzen. In vielen Fällen erfährt man eigentlich nur durch Mundpropaganda von Dingen wie Akupunktur oder Chiropraktik: Jemand erzählt dir, er sei auf diese Weise geheilt worden, und daher probierst du es selbst einmal. Eine derartige systematische Umfrage könnte ganz einfach wie auch ganz komplex sein.

Ich glaube, sobald man die Dinge ganzheitlich zu betrachten beginnt, geht der Bedarf an großen Instrumentarien zurück. Wenn wir einmal das Bedürfnis nach Marsflügen, Star-War-Technologien, Genom- und Kernphysikprojekten in großem Maßstab mit anderen Augen sehen, wird vielleicht der Bedarf an großen Instrumentarien geringer.

TERENCE: Du befürwortest offenbar eine Sammlung, Verknüpfung und Erforschung von Daten, die nicht viel Geld kostet und die sich auf Heimcomputern von selbstorganisierten Netzwerken durch Menschen erledigen läßt. Ich gebe zu, daß der rasante Fortschritt der Großwissenschaft eine Menge Gebiete ignoriert hat, aber was sagst du dann dem extraterrestrischen Planetologen, dem Astrophysiker oder dem Molekularbiologen? Anscheinend gibt es große Wissenschaftsgebiete, die so abhängig sind von äußerst kostspieligen Instrumentarien, daß sie nicht mehr ohne große Forschungsprogramme und überaus teure Apparate auskommen können. Was du da im Blick hast, ist nicht so sehr ein Herunterfahren der Wissenschaft, als vielmehr ihre Neuorientierung auf den Gebieten der Biologie, der Medizin und der Soziologie. Dies ist nur zu berechtigt, aber läßt es sich durchführen? Dem Astrophysiker zu sagen, daß die Erkundung der Milchstraße eingestellt wird, den Ozeanographen zu sagen, daß die Erforschung der Tiefsee gestoppt wird, ist nicht gerade im Sinne des ursprünglichen Impulses der Griechen, die Natur zu verstehen.

RALPH: Man wird es ihnen sowieso sagen.

RUPERT: In England sagt man es ihnen bereits. Die Kernphysiker sind schockiert.

RALPH: Auch wenn sich die Bevölkerung noch so vehement für subnukleare Teilchen einsetzte, wäre es aufgrund der Finanzkrise unmöglich, diese Linie weiterzuverfolgen. Mittlerweile haben wir neue Krisen. Die Kernphysik war eine Reaktion auf einen dringenden Bedarf im militärisch-industriellen Komplex. Heutzutage haben wir es mit neuen militärischen Problemen zu tun, und die Verteidigungsministerien verschiedener Länder vollziehen inzwischen eine Kehrtwendung, um sich auf neue Feindbilder einzustellen.

Wir räumen ein, daß die Großwissenschaft auch weiterhin existieren wird, aber sie muß sparen, sich neu an realen Problemen orientieren, um noch von der Bevölkerung getragen zu werden, und sich mit der Basiswissenschaft verbünden, und zwar aus wirtschaftlichen Gründen und weil man die Informationen auf dieser Ebene braucht. Voraussichtlich wird das neue Modell für die Großwissenschaft aus Datenbanken bestehen, zusammen mit wissenschaftlichen Visualisierungsstrategien auf der Basis von Computergrafiken, was, wie du richtig festgestellt hast, teuer ist. Die «Mission to Planet Earth», das NASA-Projekt zur Satellitenüberwachung der Temperatur an allen Punkten der Erde, wird tatsächlich sehr preiswert sein im Vergleich zu Methoden, die die gleichen Daten direkt auf der Erde erheben.

Das Problem besteht darin, wie man dies visualisiert. Da sehen wir Gruppen in staatlichen Laboratorien mit gewaltigen Supercomputern arbeiten, die wirklich enorm teuer sind, und nach Möglichkeiten suchen, all diese Daten zusammenzuführen und ein Gesamtbild zu erhalten. Solange wir das nicht erreicht haben, werden wir wohl nicht viel von dieser ganzen Basiswissenschaft haben, ganz gleich, ob es dabei um etwas geht, was heute schon existiert, oder um eine künftige Antwort auf einige wirklich aufregende neue Fragen aus der Perspektive eines globalen, planetarischen Verhaltens. Das Stück aus dem Etatkuchen für die Wissenschaft wird kleiner.

Damit wir die größtmögliche Menge an Ergebnissen aus einem gleichbleibenden oder schrumpfenden Etat herausholen können, müssen wir auch weiterhin Laborzentren der Großwissenschaft haben, in denen all diese Informationen zusammengeführt werden. Das größte Problem der Wissenschaft wird es in Zukunft sein, diese riesige Datenbank zu bewältigen. Die Tatsache, daß Naturwissenschaftler im Unterschied zu Soziologen und Ökologen bislang ein so unverhältnismäßig großes Stück vom Kuchen bekommen haben, ist darauf zurückzuführen, daß sie nicht mit Datenbanken arbeiten mußten, die viel zu groß sind, als daß sie noch Produkte liefern könnten, die sich von Industrie und Wirtschaft zu High-Tech-Geräten, Apparaturen und Verbrauchsgütern vermarkten ließen.

TERENCE: Institutionen erwarten, daß sich ihre Investitionen ebenso auszahlen wie die Ausbildung ihrer Leute, und unter dem Dach der Großwissenschaft hat sich die Produktentwicklung für die Universität tatsächlich rentiert, so daß neue Laboratorien eingerichtet werden konnten. Ich sehe wirklich kaum, wie das Modell der kleinen Wissenschaft sich selbst finanzieren soll. Ich muß da immer an den englischen Landedelmann oder Naturliebhaber denken, der Beobachtungen in seiner Gegend anstellt, die sehr interessant sind, während ihm doch nur sein Privatvermögen diesen Luxus gestattet. Wie wird sich die Basiswissenschaft selbst tragen? Wie wird sie etwas anderes sein können als ein Hobby für Amateure und Dilettanten?

RUPERT: Zwei Dinge können dazu beitragen. Längst gehen Amateure diesen Beschäftigungen in einem ziemlich großen Maßstab nach. Taubenliebhaber, von denen es in England etwa 250 000 gibt, gehören meist der Arbeiterschicht an, und einige leben von der Sozialhilfe. Ihr Hobby ist billig, um ihm zu frönen, muß man nicht Landedelmann sein. Wir leben in einer viel wohlhabenderen Gesellschaft als je zuvor, so daß die Menschen weitgehend in der Lage sind, Geld für etwas auszugeben, was ihnen wirklich Spaß macht. Im Bereich der Gartenarbeit beispielsweise, einem der beliebtesten Hobbys, benötigen die Leute keine Zuschüsse, um sich Pflanzen für ihren Garten kaufen zu können: Sie würden nicht einmal Zuschüsse brauchen, um neue Sorten durch Pfropfen oder Kreuzen zu züchten. Wenn es dann zu einem Bedarf an zusätzlichen Mitteln für Dinge wie Datenbanken kommt, könnte es ja ein neues System von regionalen Forschungsgeräten geben, das mit einem winzigen Bruchteil, nämlich weniger als einem Prozent der bestehenden Wissenschaftsetats, eine Basiswissenschaft finanzieren könnte. Und wenn man einen so geringen Bruchteil aus den bestehenden Wissenschafts- oder Bildungsetats in dieses Basisnetzwerk investieren würde, dann wäre das in politischer Hinsicht populär und könnte das Interesse an der Wissenschaft wiederbeleben.

TERENCE: Glaubst du denn aber nicht, daß die öffentliche Unterstützung der Wissenschaft auf der Erwartung beruht, diese würde zu neuen Technologien führen, mit deren Hilfe die Mehrheit der Menschen in eine irgendwie besser geartete Welt zu gelangen glaubt? Wenn du dieser Erwartungshaltung widersprichst, indem du sagst: «Wir werden nun Wissenschaft auf eine Art betreiben, daß ihr die neuen Technologien vergessen könnt» – ist dann nicht zu befürchten, daß das Interesse an der Wissenschaft auf das Niveau des Interesses am Turnierschach absinken könnte?

RALPH: Vergiß das alte Modell. Wir sprechen doch von einer Revolution der Wissenschaft im Zusammenhang mit einem entscheidenden Paradigmenwechsel, in dem sie nur eine Komponente wäre. Womit wir zum Beispiel rechnen müssen, sind, wie schon gesagt, globale Umweltprobleme. Im Grunde haben wir sie ja bereits. Menschen, die sich Gedanken um die Zukunft machen, erwarten von der Wissenschaft, vom Staat, von der Religion, von sich selbst eine Lösung dieser ernsten Probleme. Genauso wie die Menschen von der Medizin eine Heilung von Krebs und Aids erwarten. Sie wollen Lösungen, nicht nur Produkte.

Damit sich die Basiswissenschaft an der Lösung dieser Probleme beteiligen kann, genügt es nicht, ein neues, paralleles wissenschaftliches Establishment zu entwickeln, das sich selbst finanziert und mit einem niedrigen Etat sein Bestes tut. Wir müssen dies mit einem neuen Gesellschaftsmodell verknüpfen, das sich unter dem evolutionären Druck der Umweltprobleme herausbilden würde. Die neue Basiswissenschaft würde sich auf effektive Weise mit wissenschaftlichen Fachzeitschriften und Hochglanzmagazinen wie *Scientific American* verbünden müssen und darin neben den Ergebnissen der Großlaboratorien und anderer Institutionen auch die Fortschritte präsentieren, die sie in Richtung einer Lösung wichtiger Probleme erzielen. Es genügt nicht, mit Wettbewerben und Preisen aufzuwarten. Du mußt auch die Möglichkeit der Veröffentlichung und den Zugang zu öffentlichen Mitteln anbieten, die dem Amateur ebenso wie dem professionellen Wissenschaftler zugute kommen.

TERENCE: Nimm doch nur das Beispiel der Rückbildung der Ozonschicht. Um dieses Phänomen untersuchen zu können, ist die Zusammenarbeit der Luftstreitkräfte mehrerer Staaten erforderlich, zusammen mit riesigen Datenspeichern und Analysegeräten. Wenn du es nun nicht nur untersuchen, sondern auch etwas dagegen tun willst, dürften wir einen gehörigen Anteil von dem, was wir bis an unser Lebensende verdienen, dafür aufwenden. Vielleicht steht das Schicksal des Planeten auf dem Spiel. Wie kann eine Basiswissenschaft das beeinflussen?

RALPH: Das Ozonloch wurde erstmals durch staatliche Laboratorien entdeckt, als man alte Daten korrigierte, die man zu untersuchen versäumt hatte. Hätten Amateurwissenschaftler in diesem Archiv gesessen und Zugang zu den Daten gehabt, dann hätten vielleicht sie diese Entdeckung gemacht. Ursprünglich glaubte man, das Loch sei nur ein isoliertes Phänomen über den Polen, aber inzwischen hat man diesen Wirbel entdeckt, der Ozon aus den gemäßigten Regionen saugt. Würden Amateurwissenschaftler über Ozonbeobachtungsstationen verfügen, die nichts weiter als einfache kleine teleskopische Geräte sind, könnten sie die Ozondichte über ihrem Haus messen. Dadurch wäre festzustellen, wie schnell die Ozonabnahme über Bevölkerungszentren um sich greift, während dies doch höchstwahrscheinlich von den großen Laboratorien übersehen wird, die sich ausschließlich der Erforschung der Ozontätigkeit über den Polargebieten widmen.

RALPH: Ich kann mir ein neues Modell vorstellen, bei dem die Großwissenschaft mit einem niedrigeren Etat auskäme und die Basiswissenschaft einen höheren Etat erhielte und beide viel enger miteinander verknüpft wären – durch Mechanismen der Informationsvermittlung. Die Hauptaufgabe der National Science Foundation der USA beispielsweise könnte dann in der Speicherung und im Zugänglichmachen dieser riesigen Datenmengen bestehen, so daß die Menschen auf eine neue Hypothese, eine neue Fragestellung kommen könnten. Kleine Wettbewerbe würden ein Anreiz für Oberschüler sein, die dann tatsächlich die Daten erhalten könnten, um die sich niemand kümmert, über den Ozonrückgang oder sonst etwas, und einen Preis für eine phänomenale Neuauswertung von Daten bekämen.

TERENCE: Wir kommen einfach nicht an der Tatsache vorbei, daß die Großwissenschaft die Daten liefert oder daß diese Daten mit preiswerten, lokalen Mitteln zugänglich sind – irgendwie also dreht sich das ganze Problem darum, wie man die Daten erhält. Im Hinblick auf viele Probleme, wie etwa dem Ozonloch, der Gefahr eines Zusammenstoßes von Planetoiden oder Kometen mit der Erde oder der Analyse der Auswirkungen von Vulkanausbrüchen auf den Philippinen, wird die Erfassung dieser Daten die Großwissenschaft noch eine ganze Zeit beschäftigen. Ich bin absolut deiner Meinung, daß es nicht so etwas wie geheime wissenschaftliche Daten geben sollte, aber ich frage mich doch, ob zumindest in diesem Stadium der technologischen Revolution ein Apple-Computer ausreicht, um die gesammelten Daten zu bewältigen. Vielleicht genügt er ja. Falls nicht, dann ist der Basiswissenschaftler benachteiligt, weil die Rechnergeschwindigkeit ein wichtiges Element bei der Analyse des riesigen Datenstroms darstellt. Vielleicht besteht die

Lösung darin, daß man sich darauf konzentriert, die Kosten für Supercomputer zu senken.

RALPH: Nun, genau das geschieht ja.

TERENCE: Wäre dafür nicht ein gewaltiges staatliches Projekt erforderlich, das Milliarden von Dollars kostet, also das, wovon wir ja gerade wegkommen wollen?

RALPH: Die Computerrevolution ist tatsächlich die Lösung des Hauptproblems. Die Preise fallen von selbst. Der Super-PC auf dem Schreibtisch ist heute schon Wirklichkeit. Morgen wird er garantiert billiger sein.

TERENCE: Und gebracht hat ihn uns Apple, eines der größten Einzelunternehmen im kapitalistischen System von Amerika. Aber den weiteren Fortschritt werden nicht mehr zwei Burschen in einer Garage schaffen. Dieses Zeitalter ist ein für allemal vorbei.

RUPERT: Was kannst du denn wirklich tun, wenn du dich auf ein globales Problem wie das Ozonloch konzentrierst? Ich bestreite nicht, daß es ein Problem auf dieser Ebene gibt, aber es gibt auch Probleme auf viel tieferen Ebenen, wo Amateure durch das Sammeln von Daten ohne riesige Supercomputer ungleich mehr tun können und wo sich der Erfolg viel eher und rascher einstellt, als wenn man gewaltige Klimaprobleme zu lösen versuchte. Eine ganze Menge ist ja schon getan worden, zumindest in England, von Amateurgruppen wie Greenpeace und Friends of the Earth. Dafür benötigten sie keine Supercomputer. Nur recht einfache Daten sind erforderlich, um den guten Willen, etwas zu tun, durch bestehende Pressure-Groups in politisches Handeln umzusetzen. Die Friends of the Earth sammeln Proben aus Flüssen unterhalb von Industriefirmen und aus Trinkwasserreservoirs. So haben sie zum Beispiel herausgefunden, daß in großen Teilen von England der nach den britischen und europäischen Vorschriften zulässige Nitratgehalt überschritten wird, daß die Pestizidrückstände zu hoch sind und so weiter. Solche Daten, falls unser Staat sie überhaupt erhebt, werden geheimgehalten. Wenn sie gesammelt und veröffentlicht werden, was gar nicht so kompliziert ist oder teure Supercomputer erfordert, kann das gewaltige politische Auswirkungen haben und Druck ausüben, daß in dieser Hinsicht etwas getan wird. Umweltgruppen wenden einfache Analysetechniken und simple Datenverarbeitungsmethoden mit großem Erfolg an.

TERENCE: Ich glaube, wir können daraus die Schlußfolgerung ziehen, daß es eine gewisse Parallelität geben muß, die Raum für beide Verfahrensweisen läßt. Wenn sie gemeinsame Sache machen würden, wäre das wunderbar – aber leider sind ihre Interessen meist auf sehr unterschiedliche Ziele gerichtet.

RUPERT: Nicht unbedingt. Du hast gesagt, die Menschen erwarten sich von der Wissenschaft ein Produkt oder eine Problemlösung, aber in manchen Fällen ist das gar nicht so. Eines der beliebtesten Phänomene in der ganzen Naturwissenschaft, für das sich sogar schon Dreijährige interessieren, sind die Dinosaurier. Seltsamerweise wird eines der am wenigsten auf Nützlichkeit ausgerichteten Wissenschaftsgebiete, die Paläontologie, von breitesten Bevölkerungsschichten mitgetragen.

TERENCE: Ein großes paläontologisches Projekt hat das Kaliber eines großen Staudamm- oder Ausgrabungsobjektes. Es kostet Millionen.

RUPERT: Die meisten dieser Knochen wurden im letzten Jahrhundert von Amateuren praktisch umsonst gesammelt. Aber es kostet vermutlich Millionen, riesige Plastikmodelle von Dinosauriern zu bauen, die ein Gebrüll von sich geben.

TERENCE: Ich denke hier eher an eine Grabung irgendwo in der Wüste Gobi, bei der die Fossilien auf wissenschaftlich einwandfreie

Weise geborgen werden. Da müssen sich Hunderte von Menschen vor Ort aufhalten, von wissenschaftlichen Mitarbeitern bis hinunter zu den Kulis, und das oft Jahre lang. Dazu kommt noch der Transport von Hunderten Tonnen von Gestein zu den Museen per Flugzeug.

RUPERT: Die Paläontologie war bereits im 19. Jahrhundert eine etablierte Wissenschaft, die mit unglaublich niedrigen Etats auskam und zumeist von Amateuren finanziert wurde. Ein wunderbares Beispiel für eine kostengünstige Basiswissenschaft.

TERENCE: Ich bin zwar nicht so sehr mit der Paläontologie vertraut, aber ich kenne mich ein wenig in der Archäologie aus, und wenn man die richtig betreiben will, kostet das ein Vermögen. Wenn du heute nach Guatemala oder Yucatán gehst, um eine Maya-Stätte auszugraben, mußt du ein Team im Regenwald ein halbes Jahr lang unterhalten.

RALPH: Rupert hat ja nicht vorgeschlagen, sämtliche Etats auf Null zu bringen. Vermutlich werden die meisten kostspieligen Projekte auch weiterhin finanziert, je nachdem, wieweit sie von der Öffentlichkeit mitgetragen werden, aufregende Ergebnisse liefern und wichtige Probleme lösen.

TERENCE: Bleiben wir noch einen Augenblick bei der Archäologie. Sie ist insofern eine interessante Wissenschaft, weil sie keine neuen Produkte hervorbringt und uns nicht unbedingt ein Bewußtsein von technischem Fortschritt vermittelt. Sie trägt auch nichts zum militärisch-industriellen Komplex bei. Sie scheint beinahe das Modell zu sein, von dem wir sprechen – und doch geht sie aus all den genannten Gründen am Bettelstab und hat größte Mühe, irgendwelche Gelder zu bekommen. Die Archäologie wird in vielen Ländern fast ausschließlich durch das Mäzenatentum reicher Enthusiasten finanziert. Es bringt nicht viel, sich einen Abend lang mit Archäologen zusammenzusetzen, die einem die Schwierigkeiten darlegen, Projekte finanziert zu bekommen, von deren Interessantheit sie sich in ein paar Minuten überzeugen können. Aber was nutzt das? Die Archäologie kann uns höchstens die Probleme aufzeigen, mit denen wir rechnen müssen, wenn wir dieses Modell weiterentwickeln wollen.

RUPERT: Im Augenblick stellt der Etat für die Archäologie doch sicher nur einen winzigen Bruchteil des Etats für das Genomprojekt oder den Supercollider dar. Die Archäologie ist tatsächlich ein gutes Modellbeispiel. Da gibt es eine große Basis, eine rege Beteiligung von Amateuren, ein weitverbreitetes Interesse, und selbst die größten Projekte sind relativ billig im Vergleich zu den Vorhaben der Großwissenschaft.

Ich schlage ja nicht vor, daß die verfügbaren Mittel zu hundert Prozent der Basiswissenschaft zufließen sollen, während die bestehenden wissenschaftlichen Institutionen nichts bekämen, sondern daß wir vielmehr die gegenwärtige Situation ändern, in der hundert Prozent an die bestehenden wissenschaftlichen Institutionen gehen. Wenn der Wissenschaftsbetrieb 99 Prozent und die Basiswissenschaft ein Prozent bekäme, ergäbe sich ein völlig anderes Bild. Die Wissenschaft würde auf einer neuen Basis populär werden, und ich glaube, in den Wissenschaftsbetrieb würde ein ganz neuer Schwung, ein ganz neuer Geist Einzug halten.

Ein anderes Musterbeispiel ist dein Spezialgebiet, Terence. Die psychedelische Forschung scheint mir eine sehr wichtige Komponente der Erforschung des Bewußtseins zu sein. Wir hören doch immer wieder, wie notwendig eine solche Bewußtseinsforschung sei, weil wir noch so wenig über die menschliche Psyche wissen. Eine Menge Geld wird in die kognitive Psychologie gesteckt, besonders wenn es um Computermodelle geht, weil dadurch die Entwicklung neuer Computergenerationen vorangetrieben werden kann. Relativ wenig Geld geht in die Forschung, die sich mit der Psychotherapie befaßt, weil dies meist das Feld der praktischen Psychotherapeuten ist, die von den Leuten bezahlt werden, die zu ihnen kommen. Ein gewisser Betrag fließt in die offizielle Psychiatrie- und Drogenforschung, sofern sie sich mit Tranquilizern und ähnlichem befaßt. Doch im großen ganzen wird die psychedelische Forschung, die ja eine Menge zu sagen hat über das Wesen des Bewußtseins, den Bereich der Imagination und die Kräfte des menschlichen Geistes, von offizieller Seite überhaupt nicht gefördert. Ja, man setzt sogar alles daran, um sie zu unterdrücken. Doch ungeachtet der offiziellen Abwehrhaltung und Unterdrückung geht diese Forschung in Wirklichkeit weiter. Hier haben wir es mit einem Gebiet zu tun, auf dem aus rechtlichen und anderen Gründen praktisch alle Forschungsbemühungen von Amateuren ausgehen. Dies ist ein Gebiet, auf dem die Formulierung für viele Menschen relevanter Fragen zu einer interessanten und sehr nützlichen Forschung führen könnte, die von Pionieren im psychedelischen Bereich betrieben würde.

TERENCE: Ich stimme dir völlig zu. Dies wäre in der Tat ein Gebiet, auf dem sich die einfache Kodifizierung und Bereitstellung von Daten erheblich auf die Modelle auswirken würde, die innerhalb dieses Bereichs entwickelt werden.

RALPH: Ein verwandtes Gebiet bilden die Astrologie und die sogenannten Pseudowissenschaften, die sämtlich durch Amateurgruppen finanziert werden. Wenn die Mittel existierten, daß alle in den Genuß der bereits bekannten Information kämen, könnte dies zu verschiedenen Experimenten führen, mit deren Hilfe sich die psychedelische Forschung, die Parawissenschaften und andere Bereiche, die heute von der offiziellen Wissenschaft total abgelehnt werden, wieder in den Wissenschaftsbetrieb eingliedern ließen und einen Beitrag zur Lösung unserer globalen Probleme liefern könnten.

TERENCE: Ein weiteres Feld ist die menschliche Sexualität, wo aufgrund bewußter oder unbewußter institutioneller Vorurteile kaum Daten gesammelt werden. Dies ist vermutlich eines der am wenigsten organisierten Gebiete der Sozialforschung – und doch ist es von zentraler Bedeutung für unsere psychische Gesundheit und für das Gleichgewicht in der Welt . . . Die Ernährung ist auch so ein Gebiet.

RALPH: Einer der Mängel der Großwissenschaft hängt mit der reduktionistischen Perspektive zusammen, die zu einem fortschreitenden Ignorieren oder Diffamieren von Forschungsbereichen geführt hat, die mit Etiketten wie Pseudowissenschaft, Amateurwissenschaft, Grenzwissenschaft und so weiter belegt werden. Das Paranormale, die Bioenergetik, alle Arten von alternativer Medizin – all diese Phänomene, die rundweg abgelehnt werden, interessieren täglich größer werdende Gruppen von Menschen, während die Zahl dieser von der Großwissenschaft, der offiziellen Wissenschaft und vom wissenschaftlichen Establishment untersuchten natürlichen Erscheinungen immer weiter zurückgeht. Ein wichtiger Vorzug des neuen Modells für eine alternative Wissenschaft wäre es, wenn sie zur Wiedereinbindung all dieser unterschiedlichen Stränge, die eine Art von ganzheitlichem Zugang zum Bereich des Wissens darstellen, führen würde oder wenn man obendrein auch noch die Archäologie, die Geschichtswissenschaft und die Sozialwissenschaft mit einbeziehen könnte. Wir sprechen da über etwas, das im Grunde viel umfassender ist als die Wissenschaft – nämlich über die Wiederherstellung der gesamten intellektuellen Sphäre.

RUPERT: Aber wie ließe sich all das bewältigen?

RALPH: Wir haben hier gewissermaßen ein brauchbares alternatives System aufgestellt, unter der Voraussetzung, daß sich andere Paradigmen in der Gesellschaft gleichzeitig wandeln werden. Der Schlüssel für die Umwandlung in dieses neue Modell wären Veränderungen an den Universitäten und höheren Schulen. Wir haben bereits von den Oberschülern gesprochen, wie sie auf Preise für Problemlösungen reagieren. Die Universitäten sind eine der Hauptinstitutionen, die das restriktiv-fachbezogene, superprofessionelle und archaische Modell der Wissenschaften aufrechterhalten. Würde man Universitäten so weit reformieren, daß sie Zentren oder Abteilungen zur Integration von sogenannten Parawissenschaften, für interdisziplinäre Programme und eine ganzheitliche Methodik aufwiesen, dann könnten sie eine bedeutsame Rolle dabei spielen, Menschen zu Amateurwissenschaftlern auszubilden. Die Fragen, die von solchen Zentren vorgeschlagen werden, sollten in den Lehrplan an Universitäten eingehen.

Die Veränderung, die wir herbeiführen wollen, besteht darin, daß die volle ganzheitliche Bandbreite aller intellektuellen Bestrebungen, zu denen auch all das gehört, was wir Forschung nennen, nicht mehr und nicht weniger als Partizipation ist. Ein Mensch, der am Leben, an der Evolution, an der Gestaltung der Zukunft unseres Planeten und unserer Spezies partizipieren will, wird entdecken, daß es unerläßlich ist, Forschung in allen Bereichen zu betreiben. Man kann ein Amateursportler sein, ein Amateurwissenschaftler, ein Amateurhistoriker und so weiter. Würden Universitäten Menschen nach einem Modell der Selbsterziehung ausbilden, die unbegrenzt weitergeführt werden kann, dann würden sie die wahre Basiswissenschaft lehren. Sie würden lehren, wo man die Fragen findet, wo man die Antworten veröffentlicht, wie man dafür den Computer einsetzt und wie man ganz allgemein mit all diesem Wissen umgeht.

RUPERT: In gewisser Hinsicht geht der Trend in der wissenschaftlichen Ausbildung, Studenten mit der selbständigen Durchführung von Projekten zu betrauen, in diese Richtung. Das Problem ist nur, daß die meisten Projekte, an denen sie arbeiten, banal und aus zweiter Hand sind. Man unterstellt, daß ein Student eigentlich nicht mit einem wirklich originellen und interessanten Projekt umgehen kann. Ich habe nur ganz wenige studentische Projekte erlebt, die man als echte Forschung bezeichnen kann. Aber immerhin ist das System studentischer Projekte bereits installiert – es gehört zur wissenschaftlichen Grundausbildung. Es fehlt nur noch, daß dieses Potential ernst genommen wird.

RALPH: Studenten wollen interessantere Probleme haben, und wenn man sie ihnen nicht stellt, kehren sie der Wissenschaft den Rücken und wenden sich Dingen zu, die eine größere Herausforderung bedeuten, echten Problemen, mit denen sich auch Studenten beschäftigen können, wie sie etwa die Informatik bietet. Die Errichtung eines neuen Modells für eine Basiswissenschaft würde den Universitäten die Chance einräumen, ihren wissenschaftlichen Lehrplan wiederzubeleben, damit bessere Studenten an sich zu binden und ihnen etwas zu bieten, worauf sie ein Leben für die Forschung ausrichten könnten, ohne große Zuschüsse und ohne daß sie in Großlaboratorien für den militärisch-industriellen Komplex arbeiten müßten.

2 *Psychedelika, Computer und Visuelle Mathematik*

RALPH: Vor etwa anderthalb Jahren saß ich gerade in meinem Büro bei meiner Sekretärin Nina, als es an der Tür klopfte. Nina sagte: «Das ist der Freund einer Freundin von mir, der Sie interviewen möchte.» Ich war sehr beschäftigt mit der Vorbereitung einer Konferenz, und als der Reporter hereinkam, beantwortete ich seine Fragen, ohne lange darüber nachzudenken. Nach etwa einem Monat, als ein Fotograf bei uns aufkreuzte, bekam ich mit, daß ich ein Interview für die Zeitschrift *Gentleman's Quarterly (GQ)* gegeben hatte. Ich rief bei meinen Kindern an und fragte sie, was *GQ* denn für eine Zeitschrift sei. Sie leben in Hollywood und kennen sich in diesen Dingen aus. Als die Nummer endlich herauskam, war ich gerade in Italien. Ich war sehr stolz darauf, daß ich trotz meines ziemlich eigenwilligen Kleidungsstils als erster in unserem Familien- und Freundeskreis für *GQ* fotografiert worden war, aber dann völlig geschockt, als ich die Zeitschrift aufschlug, mein Bild sah, das auf der ersten Seite neben dem Inhaltsverzeichnis übertrieben viel Platz einnahm, und die Überschrift las: «Abraham verkauft Drogen an Mathematiker». Es standen noch einige andere unerhörte, beleidigende Sachen in diesem Interview, das, soweit ich mich erinnern kann, großenteils frei erfunden war. Wieder in Kalifornien, sprach ich zu niemandem darüber und war froh, daß mich niemand darauf ansprach. Keiner hatte es mitbekommen. Ich rief ein paar Leute an, und dann wurde mir klar, daß so gut wie niemand *GQ* liest. Ich hatte diese heikle Angelegenheit offenbar noch einmal gut überstanden.

Bis ich plötzlich wieder aus meiner Ruhe gerissen wurde, als mich eines Tages plötzlich hundert Leute anriefen und mich fragten, was ich von dem Artikel über mich im *San Francisco Examiner*, im *Chronicle*, in den *San Jose Mercury News* und so weiter hielte. Eine Journalistin hatte das heiße Eisen aus *GQ* wieder aufgewärmt. Diese Frau, die eine Computer-Kolumne für den *San Francisco Examiner* schreibt, hatte anscheinend doch ein Exemplar von *GQ* in die Finger bekommen und darin einen Artikel gefunden, in dem Timothy Leary mit folgendem Satz zitiert wurde: «Die Japaner gehen nach Birma wegen seines Teakholzes, und sie gehen nach Kalifornien wegen seiner Innovationen und seiner Kreativität. Jeder weiß, daß Kalifornien dank der Psychedelika über die dafür notwendigen Inspirationen verfügt.» Dann zitierte der Artikel mich als «Lieferanten» für den Grundstoff dieser «wissenschaftlichen Renaissance» in den sechziger Jahren. Diese Kolumnistin wollte nicht glauben, was in dem *GQ*-Artikel von Timothy Leary und anderen Leuten behauptet wurde, nämlich daß die Computerrevolution und die Innovationen auf dem Gebiet der Computergrafik in Kalifornien psychedelisch initiiert und gesteuert wurde. Sie wollte beweisen, daß diese Story ein Märchen wäre. Also ging sie zur Siggraph, dem größten Meating professioneller Computergrafiker in der Welt, bei der alljährlich irgendwo in den USA etwa 30000 Wegbereiter der Computerrevolution zusammenkommen, um dort eine Meinungsumfrage zu diesem Punkt zu veranstalten, und begann mit ihren Interviews gleich am Flughafen. Als sie wieder an ihrem Schreibtisch in San Francisco saß, hatte sie mit 180 Profis auf dem Gebiet der Computergrafik gesprochen, und alle hatten die Frage: «Nehmen Sie Psychedelika, und ist dies wichtig für Ihre Arbeit?» mit «Ja» beantwortet. Ihre Kolumne, die dann von einer Reihe von Zeitungen nachgedruckt wurde, machte unglücklicher- oder freundlicherweise wieder auf mich aufmerksam.

Kurz nach diesem zweiten Vorfall war ich in Hollyhock auf Cortes Island in British Columbia, mit Rupert und ein paar anderen von euch hier, und in der Nacht hatte ich eine Art Nervenzusammenbruch. Ich konnte nicht schlafen und wurde von einer paranoiden Phantasievorstellung über dieses Outing heimgesucht. Ich malte mir aus, was dies für meine künftige Karriere bedeuten würde, wie die Polizei bei mir anklopfen würde und so weiter. Ich wußte zwar, daß ich meine Ängste unnötig übertrieb, aber ich mußte mit jemandem darüber reden. Der Mensch, den ich dort am besten kannte, war Rupert. Und der befand sich gerade in einem lebhaften Meinungsaustausch mit verschiedenen Freunden, aber schließlich nahm ich ihn beiseite und beichtete ihm mein Geheimnis und meine ganzen Ängste. Nach ein oder zwei Tagen hatte er die Geschichte allen Leuten in Kanada weitererzählt, wobei er mir versicherte, es sei doch gut, geoutet zu sein, und am besten wäre es, darüber einen Bestseller herauszubringen, für den John Brockman, unser Agent, bei einem potenten Verlag eine riesige Vorauszahlung herausschlagen könnte. Ich versuchte, das Ganze in einem positiven Licht zu sehen, aber als ich nach Hause kam, war ich noch immer nervös und sagte «Nein» zu vielen Interviewwünschen von *ABC News,* den Vereinten Nationen und zu anderen Leuten, die mich anriefen und wissen wollten, ob diese unglaubliche Geschichte stimme. Damals war ich der ganzen Sache nicht gewachsen, und darum habe ich heute beschlossen, auf allgemeinen Wunsch die Wahrheit zu sagen.

Alles fing 1967 an, als ich Professor für Mathematik in Princeton war und einer meiner Studenten mir einen LSD-Trip verschaffte. Ein Jahr später ging ich nach Kalifornien und lernte an der Universität von Kalifornien in Santa Cruz einen Chemie-Doktoranden kennen, der mit einer Arbeit über die Synthese von Dimethyl-Tryptamin (DMT) promovierte. Wir beide rauchten 1969 eine ganze Flasche DMT, und das führte zu einer Art geheimem Entschluß, mich auf die Suche nach den Zusammenhängen zwischen Mathematik und der Erfahrung des Logos zu machen, des «transzendenten Anderen», wie Terence es nennt. Gemeint ist ein hyperdimensionaler Raum voller Sinn, Weisheit und Schönheit, der einem realer vorkommt als die gewöhnliche Realität und zu dem wir uns im Laufe der Jahre schon viele Male begeben haben, auf Erkenntnissuche und zu unserem Vergnügen. In den nächsten zwanzig Jahren beschritt ich verschiedene Wege, um die Verbindung zwischen Mathematik und dem Logos zu erkunden. Als die Chaostheorie von der wissenschaftlichen Gemeinde entdeckt wurde und 1973 die eigentliche Chaosrevolution begann, begab ich mich bei einem Neurophysiologen in die Lehre und versuchte Gehirnmodelle zu konstruieren, die auf den einfachen Objekten der Chaostheorie basierten. Ich baute eine vibrierende Strömungsmaschine, um Schwingungen in transparenten Medien sichtbar zu machen, weil ich aufgrund persönlicher Erfahrungen die Hindu-Deutung von Schwingungen für wichtig und wertvoll hielt. Ich meinte, daß wir mehr über Bewußtsein, Kommunikation, Resonanz und die Bildung von Form und Muster in der physikalischen, biologischen, sozialen und intellektuellen Welt erfahren könnten, wenn wir die normalerweise unsichtbaren Schwingungen in transparenten Medien erkennbar machen würden. Dazu hatte mich Hans Jenny, ein Schweizer Amateurwissenschaftler und Anhänger von Rudolf Steiner, inspiriert, der ein geniales Gerät gebaut hatte, um transparente Fluide sichtbar zu machen.

Um diese Zeit kamen die ersten erschwinglichen Grafikcomputer auf den Markt. Ich startete ein Projekt, Mathematik anhand von Computergrafiken zu unterrichten, und versuchte, die mathematischen Modelle für neurophysiologische Vorgänge und für schwingende Fluide mit Hilfe von Computerprogrammen auf dem Bildschirm zu simulieren. Auf diese Weise entstand eine neue Klasse mathematischer Modelle, die sogenannten CDs oder Cellular Dynamata. Dies sind besonders geeignete mathematische Objekte, mit denen man das Gehirn, den Geist und die visionäre Erfahrung modellhaft nachbilden und verstehen kann. Gleichzeitig begannen andere Mathematiker, von denen einige vielleicht meine bisherigen Forschungsergebnisse studiert hatten, mit eigenen Experimenten auf dem Gebiet der Computergrafik, und sie fingen auch an, Filme zu produzieren.

Schließlich waren wir in Santa Cruz in der Lage, Maschinen zu bauen, die diese mathematischen CD-Modelle mit akzeptabler Geschwindigkeit simulieren konnten, zunächst noch langsam, aber mit der Zeit immer schneller. Und 1989 hatte ich ein phantastisches Erlebnis am NASA Goddard Space Flight Center in Maryland, wo ich am damals schnellsten Supercomputer arbeiten durfte, dem MPP (Massively Parallel Processor). Mein CD-Modell für die Sehrinde im Großhirn war von dem einzigen dazu fähigen Menschen in diese Maschine eingegeben worden, und ich wurde eingeladen, mir das Resultat anzusehen. Der Blick auf den Farbbildschirm dieses Supercomputers war wie ein Blick durchs Fenster in die Zukunft: Man sah das ausgezeichnete Computerbild einer DMT-Vision, die sich nicht nur rasch über den Bildschirm bewegte, sondern auch rund hundertmal schneller war als eine menschliche Erfahrung. Mit Hilfe von Steuerknöpfen am Computer zeichneten wir sofort ein Video auf, das etwa zehn Minuten lang wurde. 1989 also blickte ich zum erstenmal durch dieses Fenster.

Kurzum: Zunächst einmal hat es eine zwanzig Jahre dauernde Entwicklung gegeben, von meiner ersten DMT-Vision im Jahre 1969 bis zu meinem Erlebnis mit der Vision am Massively Parallel Processor im Jahre 1989. Im Anschluß an diese zwanzigjährige Entwicklung und die Aufzeichnung des Videos kam die Geschichte mit dem *GQ* und die Interviews beim Siggraph im *San Francisco Examiner* mit der Fragestellung: «Haben Psychedelika einen Einfluß auf die Entwicklung der Wissenschaft, der Mathematik, der Computerrevolution, der Computergrafik und so weiter?» Und dann erschien 1990, nach der Veröffentlichung eines Beitrags im *International Journal of Bifurcation and Chaos*, ein interessanter Beitrag in den Monatsblättern der American Mathematical Society, der größten Vereinigung von Forschern auf dem Gebiet der Mathematik in der Welt. In diesem Artikel wurde die Mathematik völlig neu definiert – Zahlen und geometrische Räume wurden als historische Relikte abgetan, und die Mathematik als das Studium von Raum-Zeit-Mustern dargestellt. Die Mathematik erlebte quasi eine Wiedergeburt, und diese Wiedergeburt ist ein Ergebnis der Computerrevolution ebenso wie der psychedelischen Revolution, die zur gleichen Zeit, einander begleitend und miteinander kooperierend, in den sechziger Jahren stattfanden.

Ich habe aufgrund dieser Entwicklung die Mathematik neu definiert als ein Kunstmedium und im Oktober 1992 in der Kathedrale von Saint John the Devine in New York ein Konzert mit diesem revolutionären Erkenntnismaterial gegeben, das in Echtzeit auf einem wahren Supercomputer abgespielt wurde.

Nun zu unserem Thema: Ich möchte ein paar Fragen stellen, zuvor aber zwei Abschnitte aus zwei meiner Lieblingsbücher vorlesen. Ich meine, wir müssen entweder die neue oder die alte Definition der Mathematik akzeptieren. In der Kosmologie des Renaissance-Naturforschers John Dee gilt die Mathematik als Begleiter von Vater Himmel und Mutter Erde, als eine Art intellektuelles, spirituelles, elastisches Medium, welches das Himmelreich mit Gaia verbindet. Damit steht die Mathematik auf der gleichen Ebene wie der Logos oder der Heilige Geist. Das sollten wir bei unserer Diskussion im Auge behalten. Da ich die Mathematik als Sprache des Raum-Zeit-Musters ansehe, möchte ich euch folgende Fragen stellen: In welcher Weise ließe sich die psychedelische Vision des Logos konkret darstellen – durch sprachliche Umschreibungen, durch Computersimulationen oder durch Zeichnungen inspirierter visionärer Künstler? Und umgekehrt: Auf welche Weise könnte die mathematische Vorstellungsweise dem Geist dienen und das Bewußtsein erweitern? Mit anderen Worten: Kann so etwas für unsere wichtigen Anliegen, die Lösung existentieller Probleme eine Rolle spielen? Im Vorgriff auf die Antwort möchte ich euch zwei Passagen aus euren eigenen Büchern vorlesen.

Zuerst aus Terence' Buch *Food of the Gods:*

> Die Wiedergeburt des Archaischen ist ein Aufruf an uns, auf unser Geburtsrecht zu pochen, wie unangenehm uns dies auch sein mag. Sie fordert uns auf zu erkennen, daß ein Leben, das ohne die psychedelische Erfahrung gelebt wird, auf der der ursprüngliche Schamanismus basiert, ein trivialisiertes, ein verleugnetes Leben ist: Ein Leben, das sklavisch dem Ego verhaftet ist, seiner Angst vor dem Aufgehen in der geheimnisvollen Matrix des Fühlens, die uns umgibt. Durch die Wiedergeburt des Archaischen kön-

nen wir das historische Dilemma überwinden. Doch da ist noch etwas. Inzwischen ist klargeworden, daß neue, rationale Entwicklungen auf vielen Gebieten – etwa an den Schnittstellen zwischen Geist und Maschine, in der Pharmakologie synthetischer Drogen und in der Bild- und Wiederauffindungstechnik bei Datenspeichern – sich mit dem Potential für ein wahrhaft dämonisches oder engelsgleiches Selbstbild unserer Kultur verbinden.

Die zweite Passage stammt aus Ruperts Buch *Die Wiedergeburt der Natur:*

Wenn wir den Gedanken, daß die Welt lebendig ist, einmal ernsthaft zulassen, dann wird uns plötzlich klar, daß wir es eigentlich schon immer gewußt haben. Es ist wie ein neuer Frühling nach dem Winter. Jetzt haben wir die Möglichkeit, die zerrissenen Fäden zwischen Verstand und direkter, intuitiver Naturerfahrung neu zu knüpfen. Wir können wieder teilhaben am Geist heiliger Orte und Zeiten. Wir entdecken, wieviel wir von «rückständigen» Völkern lernen können, die das Gefühl der Verbundenheit mit der lebendigen Welt nie verloren haben. Wir können die animistischen Traditionen unserer eigenen Vorfahren zur Kenntnis nehmen und neu erkunden. Und wir können ein neues Verständnis der menschlichen Natur gewinnen – wie sie geprägt ist durch die Tradition und das kollektive Gedächtnis, wie sie mit Himmel und Erde verbunden und allen Formen des Lebens verwandt ist –, um uns bewußt der schöpferischen Kraft zu öffnen, die im Großen wie im Allerkleinsten in der Evolution waltet. Dann erleben wir eine Wiedergeburt in einer lebendigen Welt.

TERENCE: Die entscheidende Frage in alldem lautet doch: «Kann der psychedelische Zustand mit technischen Mitteln visualisiert werden, die von Farbe und Pinsel bis zu Supercomputern reichen?» Ich glaube, ja. Ich glaube, im Prinzip ist das gar nicht so geheimnisvoll. Es mag etwas Fließendes sein, wie die Situation unmittelbar nach der Atomspaltung oder etwas Ähnliches. Es mag etwas Absonderliches sein. Aber im Prinzip läßt es sich beschreiben. Es ist ein Reich, das man erkunden sollte. Dabei geht es schlicht und einfach darum, daß man der Frage Aufmerksamkeit schenkt, Inspiration walten läßt und sich die Fähigkeit aneignet, das Phänomen technisch umzusetzen.

Ralph: Alle von uns geschaffenen Modelle, verbaler, visueller oder mathematischer Art, können es mit der Erfahrung selbst nicht aufnehmen. Andererseits ist diese Erfahrung in allem vorhanden und genauso ohne alles. Wenn wir in die spirituelle Welt eintauchen, genügt vielleicht die kleinste Resonanz im schwächsten Modell, um das Geistige auszulösen, so wie die Dichtung das Gefühl auslöst. Das Wesen der Kommunikation besteht doch darin, eine kompakte Darstellung einer Erfahrung zu haben, die unendlich komplex ist. Diese Darstellungen sollten dennoch so einfach wie möglich sein. Eine Darstellung, die sich allein auf den sprachlichen Modus beschränkt, könnte zu schwach sein, um durch Resonanz den gleichen Zustand auszulösen. Nicht jeder Mensch wird ein Kopffüßer. Nicht jeder Mensch hat die Zeit, ein Schamane zu werden. Wir brauchen jedoch eine gewisse Anzahl von Schamanen in unserer Kultur, damit sich die menschliche Gesellschaft wieder mit dem Spiel im Himmel verknüpfen läßt. Wir brauchen eine Art Verstärker- und Kommunikationsvorrichtung zwischen den wenigen Menschen, die unsere echten Schamanen sind, sagen wir, den sakralen Künstlern der Zukunft, und der Massengesellschaft, die vor der Glotze sitzt. Die Frage ist dann, ob diese Mittel den Aufruf zu Gehör bringen, von dem du in deinem Buch sprichst.

Terence: Ich glaube, das Verwirrende daran, wenn du diese Bereiche betrittst, besteht darin, daß diese Begegnung in emotionaler Hinsicht so stark ist. Die Situation ist so neu, daß derjenige, der sie erlebt, annehmen möchte, diese emotionale Kraft werde allein von dem Stoff hervorgerufen, den er gerade eingenommen hat. Das ist nicht der Fall. Sie stammt aus der Begegnung mit dem Eingenommenen. Ich meine, das ist so, wie wenn man die Frage stellt:

«Kann man eine überwältigende Aufnahme vom Grand Canyon machen?» Ja, das kann man natürlich, beispielsweise mit einer guten Kamera aus einem Hubschrauber heraus. Aber das Gefühl, das man beim Betrachten dieser Aufnahme hat, bringt man selbst ein. Die psychedelische Dimension ist objektiv, aber sie ist auch ehrfurchtgebietend und so anders als das, was wir kennen, daß sie in uns Ehrfurcht auslöst und zutage fördert. Wir bringen etwas ein, was wir uns nie vorstellen oder auf eine sprachliche Beschreibung oder ein Stück Film reduzieren können. Die Sache selbst hat einfach mehr Dimensionen, mehr Realität.

RALPH: Brauchen wir denn mehr Realität? Wir haben doch schon soviel.

TERENCE: Wir brauchen mehr von dieser geistigen Logos-Welt. Zu dieser Logos-Welt haben wir die Verbindung verloren. Die beschriebenen Computerprogramme, psychedelische Drogen, dynamische Modellpläne entsprechend den Weltraumsonden wie dem «Voyager». Sie werden nur nicht zu einem fremden Planeten geschickt, sondern in eine Art fremden Phasenraum, mit dem wir Verbindung aufnehmen müssen.

RUPERT: Ich gebe dir recht, Terence. Das Problem liegt darin, daß sich die emotionale Intensität einer psychedelischen Erfahrung total unterscheidet vom Anblick eines Computergrafikbildschirms. Einen Eindruck davon bekommt man ja auch schon, indem man einfach ein Kaleidoskop schüttelt und hineinschaut. In diesen teuren Firlefanzläden, die du in Kalifornien massenweise findest, bekommst du hübsch gemachte Kaleidoskope. Du schaust durch und erblickst ein leuchtendbuntes Farbmuster, aber nach ein paar Minuten langweilt es dich nur noch. Eigentlich schaut niemand sehr lange durch. Im Grunde haben diese Muster keinen Sinn und fesseln einen deshalb auch nicht. Ich glaube, der Unterschied zwischen der Darstellung des Zustands und den Erfahrungen, wenn man sich selbst in diesem Zustand befindet, liegt im Bewußtsein der Erfahrung, der Hingabe und der Intensität des Gefühls. Ich zum Beispiel fühle mich als Botaniker sehr zu Blumen hingezogen. Ich sehe mir gern Blumen an. Manchmal kannst du dir einen ganzen Garten voller Blumen anschauen, wie hier in Esalen, und das ist ganz und gar sinnlos. Ein andermal betrachtest du ganz lange eine einzelne Blüte und kannst plötzlich in sie hineingehen wie bei einem Mandala. Du trittst in diesen Bereich ein, und schon nimmt er einen unglaublichen Sinn, eine großartige Schönheit und Bedeutung an. Das gilt selbstverständlich auch für Schmetterlinge und viele andere Schöpfungen der Natur. Mir scheint, das Problem liegt eher darin, wie man in dieses Erlebnis, diese Intensität und dieses Sinngefühl eintritt, statt in der Darstellung des Objektes oder Musters selbst.

RALPH: Das sind Raum-Zeit-Muster. Das heißt: Wir sprechen zwar ganz allgemein von «Raum-Zeit-Mustern», haben aber keinen Begriff für einzelne Raum-Zeit-Muster. Wie wir erfahren haben, gibt es eine Art Resonanz zwischen Mustern, die irgendwo eine Resonanz mit anderen Mustern von Neurotransmittern in der Sehrinde hervorruft. Manche Aspekte werden wahrgenommen, andere nicht – sie bleiben für unsere Wahrnehmung unsichtbar. Du hast von Blumen im Garten gesprochen, von den Bildern im Kaleidoskop. Das sind feststehende Vorstellungsmuster, und dafür haben wir ebenso feststehende Begriffe. Ich meine, wir brauchen eine Erweiterung unserer visuell-linguistischen Fähigkeiten in Richtung einer universalen Sprache für Raum-Zeit-Muster, mit deren Hilfe wir unsere Erfahrungen präziser artikulieren können. Sobald dann bloß ein Wort oder ein Code fiele – so wie I-75, Highway 1, Highway 0 –, würden wir ein klares Bild des Raum-Zeit-Musters zusammen mit irgendeiner Emotion weiterleiten, die uns zu der Erfahrung einfällt.

Wenn wir diese Gefühle im Geist des Zuhörers hervorrufen können, dann können wir uns gesprächsweise, intellektuell und verstandesmäßig mit dem Raum-Zeit-Muster der spirituellen Welt in Verbindung setzen. Es ist bisher leider so, daß wir diese Welt durch visuelle Metaphern ausgiebig nur im Film erleben. Wir erleben den

Logos als Film. Wir erleben ihn nicht als Worte, auch wenn es gewisse Klänge gibt, und manchmal gibt es auch Schriftzeichen wie Graffiti an der Wand. Im Grunde ist die Wirklichkeit ein unendliches Feld des Bewußtseins, der Schwingung von sich bewegenden Wellen, von Intelligenz. Wenn wir in diesem Bereich Reisen unternehmen, begeben wir uns irgendwohin, wo wir schon einmal waren, und wir erkennen es wieder, und das regt in uns die Erinnerung an, die verstärkt und ausgeweitet wird, und auf dieser Erfahrung lassen wir weitere Experimente basieren. Wir drei haben ja so viele Erfahrungen gemacht, und ich glaube fest daran, daß es ähnliche, ja universale Erfahrungen sind, und doch sind wir absolut sprachlos, wenn wir sie einander beschreiben sollen. Mir jedenfalls fehlen dazu die Worte.

TERENCE: Mir scheint, daß der Geist auf eine Affinität zu sich selbst reagiert. Wenn ein Ausdruck universal ist, dann hat er eine Affinität zum universalen Geist. Interessant an diesem Beispiel mit dem Kaleidoskop ist doch, daß es einen nach ein paar Minuten langweilt. Wenn man einmal analysiert, wie es funktioniert, und es auseinandernimmt, dann bestehen die Grundeinheiten in den meisten Kaleidoskopen aus Glasstückchen, Kieseln und kleinen Schrotteilen. Indem man das Ganze irgendwie auf sechs Fächer mit einem Spiegel verteilt und es in dickflüssiges Öl taucht, soll es einen angeblich in eine Wunderwelt versetzen, die endlos variabel und interessant zu betrachten sei. Aber so ist das nicht. Die in Deutschland hergestellten Gehirnmaschinen sind genauso. Jedes Muster scheint rasch seinen Reiz zu verlieren, wenn es nicht ein Muster ist, das das Sieb des Geistes passiert hat. Wir betrachten doch viel lieber die Ruinen und Artefakte untergegangener Kulturen als die zufälligen Arrangements natürlicher Objekte. Wenn wir sagen, die Chaos-Daten aus dem Massively Parallel Processor sind wie ein DTM-Trip, meinen wir damit nichts anderes als: «In diesem Muster hier drückt sich Sinn aus.» Als ob sich ein Architekt damit befaßt hätte. Wir halten doch stets nach der verräterischen Gegenwart einer Ordnung Ausschau, die mehr als eine ökonomische Ordnung und reine Funktion ist. Wir suchen darin eine ästhetische Ordnung zu erkennen, und wenn wir diese finden, haben wir dieses reziproke Gefühl des Wiedererkennens und der Transendenz, und genau das vermittelt die psychedelische Erfahrung so intensiv.

Ein Kritiker der psychedelischen Erfahrung würde einwenden: «Natürlich besteht sie aus Geist. Sie besteht aus *deinem* Geist.» Für den psychedelisch Reisenden besteht die Intuition aus Geist, aber nicht aus *seinem* Geist. Entweder liegt hier ein Identitätsproblem vor, oder es wird eine echte Kommunikationsgrenze überschritten. Wenn wir nach lebendigen Mustern oder einer ästhetisch befriedigenden Ordnung Ausschau halten, dann suchen wir eigentlich nach einem Anzeichen dafür, daß der Geist in irgendeiner Weise die stochastischen Prozesse der Natur beeinflußt hat.

RUPERT: Grenzen scheint mir weder der Reichtum dessen zu setzen, was uns die Natur darbietet, noch die Sprache, in der wir miteinander kommunizieren, sondern vielmehr die Unfähigkeit, sich auf etwas mit der Intensität einer Vision einzulassen. Ich glaube nicht, daß die Sprache ein Problem der Begrenzung ist. Musik beispielsweise kann in einer Sprache niedergeschrieben werden, in der Notensprache, und die Musiker verstehen sie. Für mich aber erwacht die Musik aus dieser Sprache nicht zum Leben. Ich muß sie hören, damit sie zum Leben erwacht. Vermutlich ist das mathematische Zeichensystem die Möglichkeit, eine Welt darzustellen, die für Mathematiker zum Leben erwacht. Oder nehmen wir das Pflanzenreich. Wenn ihr euch den unglaublichen Reichtum der Botanik, der Blütenformen anschaut, dann gibt es dafür eine Sprache, mit deren Hilfe die Botaniker die Pflanzenarten in einem Fachjargon beschreiben. Dennoch bedeutet dies nicht, daß die meisten Botaniker den größten Teil ihrer Zeit damit verbringen, über die Schönheit der Blüten zu meditieren. Sie eilen von Kongreß zu Kongreß oder veröffentlichen unermüdlich Beiträge in Fachzeitschriften. Irgendwie bleibt eigentlich nicht viel Zeit, das Pflanzenreich real zu betreten, selbst für Leute nicht, deren Beruf es doch ist, sich mit ihm zu befassen. Uns fehlen also in vielen Bereichen gar nicht die Bilder oder Begriffe, sondern eher die Zeit, der Raum, die Neigung und Begabung, sie zu erkennen.

RALPH: Die Musik ist ein gutes Beispiel. Bleiben wir noch ein bißchen dabei. Ich behaupte nicht, daß ein mathematisches Modell eines Gehirns oder einer Pflanze genauso wunderbar wäre wie ein reales Gehirn oder eine echte Pflanze. Das Leben wird nicht durch die Sprache ersetzt. Gleichwohl hat die musikalische Zeichensprache doch sehr zur Entwicklung der Musik beigetragen. Wir hätten es zwar nicht gern, wenn von der Musik nichts weiter übrigbliebe als eine Notenbibliothek. Dennoch ruft diese Zeichensprache in einem gewissen Maße das tatsächliche musikalische Erlebnis wieder in Erinnerung. Genau diese Rolle möchte ich der Mathematik zuweisen – sie soll nicht die Erde oder das Himmelreich ersetzen, sondern den Verkehr zwischen beiden durch ein Analogon erleichtern, das auf der gleichen Ebene liegt wie die musikalische Notenschrift und die visuelle Erfahrung von Raum-Zeit-Mustern beschreibt. Mit Hilfe der algorithmischen Informationstheorie läßt sich der Unterschied zwischen Chaos und Zufälligkeit erläutern. Wie Terence schon sagte, gibt es in der sprachlichen Darstellung eine Art Ökonomie, derzufolge eine einfache Formel eine komplexe Erfahrung hervorruft. Was uns wie zufällig vorkommt, läßt sich manchmal durch einen ganz kleinen Code erzeugen, wie in der musikalischen Notenschrift. Wenn Daten eines wissenschaftlichen Experiments zufällig wirken, kann man sie daraufhin testen, ob es dafür ein kompaktes ökonomisches Modell gibt oder nicht. Ein echter Zufallsprozeß würde Daten liefern, die sich nicht durch eine kürzere Formel als die Daten selbst darstellen ließen. Es hat sich herausgestellt, daß die verrücktesten, ganz und gar zufällig aussehenden Daten aus der Welt der Natur, beispielsweise Erdbeben, Sonnenflecken und so weiter, offenbar stets einem handfesten mathematischen Modell entsprechen. Daher sind sie nicht wirklich zufällig, sie wirken nur so. Man spricht in diesem Zusammenhang von «tiefen Daten».

Ich schlage daher vor, daß wir unsere Enzyklopädie der Modelle, unsere Sprache erweitern, so daß wir zwar nicht die Erfahrung selbst, aber die Daten um der Kommunikation willen benennen, speichern, wiederauffinden und wiederherstellen können. Und genau das leistet die Notenschrift in der Musik. Das sollte sich nicht nur auf die spirituelle Erfahrung beziehen, sondern auch auf fundamentale Fragen im Hinblick auf die Zukunft der menschlichen Gesellschaft. Können wir die komplexe Raum-Zeit-Natur des Planeten gut genug verstehen, um genügend sensibilisiert zu sein für ein Zusammenwirken mit ihr? Wenn wir nicht einmal verstehen, was wir erblicken, wenn wir sehen, dann können wir nicht viel für ein solches Zusammenwirken tun. Die Biogeographie beispielsweise ist ein Gebiet der Botanik, das man durch eine Notenschrift für Raum-Zeit-Muster revolutionieren könnte.

RUPERT: Gewiß halten wir nach Sinn Ausschau, also nach der Bedeutung von Dingen und Erfahrungen. Über das, was an ihnen typisch oder modellhaft ist, informieren uns ganze Bibliotheken. Geht in irgendeine Buchhandlung, und ihr werdet von der Menge Stoff geradezu erschlagen. Die Vorstellung, sogar noch mehr Modelle herumstehen zu haben, kommt mir deshalb nicht sehr aufregend vor. Aufregend wäre es, irgendeinen tiefen Sinn in alldem zu erkennen. Vielleicht stellt die Mathematik ja tatsächlich eine Möglichkeit, den tiefen Sinn in allen Erscheinungen zu finden. Aber selbst wenn dies so sein sollte, ist mir das Wie doch schleierhaft.

RALPH: Ein weiteres Moment in der Entwicklung der Sprache ist die Erzeugung von Bedeutung. Bedeutung ist ja nicht von Haus aus in den Daten enthalten. Wir müssen die Dinge intuitiv verstehen. Wir müssen uns anstrengen und durch irgendeinen hermeneutischen Prozeß ein Verständnis entwickeln. Als der Buchdruck aufkam, haben die Menschen gemeint, dies wäre das Ende des Gedächtnisses, so wie man beim Aufkommen der Schrift vielleicht angenommen hatte, dies bedeute das Ende unserer Geschichte.

TERENCE: In beiden Fällen hatten die Menschen recht.

RALPH: Ja, als die Sprache aufkam, verloren wir unsere Verbindung zur Welt der Natur.

TERENCE: Vielleicht lag es an der Art der Sprache.

RALPH: Es war die gesprochene Sprache.

TERENCE: Die akustisch verarbeitete Sprache. Es kommt dir im Grunde ja nicht auf die Erzeugung der Sprache an, sondern auf die Möglichkeit, ihres Empfangs, ihrer Entschlüsselung durch andere. Als die Sprache etwas akustisch Verarbeitetes wurde, wurde sie zum willfährigen Skalven der Abstraktion. Während die optisch verarbeitete Sprache hier und jetzt ein Material von großer Dichte ist, erlaubt die akustische Sprache ein Abstraktionsniveau, das für Pauschalierung sorgt, die wiederum durch ein unumgängliches Fallenlassen von Details erzielt wird.

RALPH: Ich freue mich, das von dir zu hören, da es sich immer so anhört, als wärst du der Meinung, der Logos selbst sei Sprache.

TERENCE: Geschaute Sprache.

RALPH: Ich bin erstaunt über den Widerstand, der meiner Vorstellung von einer visuellen Sprache hier entgegengebracht wird. Wenn ich in Frankreich unterwegs bin, nehme ich den Zug oder andere öffentliche Verkehrsmittel, und dann langweilt mich das Gequatsche um mich herum wirklich, weil ich Französisch verstehe. Ich kriege mit, welche Probleme das Paar mit gegenüber hat und wie es diesbezüglich um seine Verwandten steht. Wenn ich in Japan unterwegs bin, verstehe ich überhaupt nichts, und daher kommt es mir dort eigentlich sehr still vor. Ich höre einfach nichts. Sofern wir in der Lage sind, eine orale Sprache zu verstehen, nehmen wir sie auch wahr. Das ist etwa so, wie wenn ein Fahrzeug daherkommt und das Material aus dem System unseres Unbewußten zum System des Bewußtseins transportiert, wo wir uns damit befassen können. Die Raum-Zeit-Muster, für die wir keine visuelle Sprache haben, sind uns im Prinzip unbewußt. Daher können wir mit ihnen nicht in einen Dialog treten, und das könnte ein entscheidender Grund dafür sein, daß der Planet stirbt. Entweder dürften wir keine verbale Sprache haben, oder wir sollten eine verbale und zugleich eine visuelle Sprache haben. Die verbale Sprache ist an die Raum-Zeit-Muster nicht gut angepaßt. Dabei wäre das durchaus denkbar. Denn wir stellen beispielsweise die Musik in Noten dar – einer visuellen statt einer verbalen Schrift. Ich glaube, unsere intellektuelle Beziehung zum Himmel und zur Erde wäre erheblich besser, wenn wir einen größeren Bestand an solchen Modellen zur visuellen Verarbeitung entwickeln würden.

TERENCE: Ich glaube, du hast recht. Für mich ist die Sprache eine Art Projekt, das noch nicht abgeschlossen ist. Würden wir über ein dichteres Kommunikationsnetz von verbalen Geräuschen verfügen, wären wir in gewisser Hinsicht eine weniger diffuse Spezies. Der Mangel an Kommunikation wird uns noch in den Abgrund einer möglichen planetarischen Katastrophe treiben.

Wenn wir die Vorstellung akzeptieren, daß Psychedelika uns irgendwie einen evolutionären Pfad weisen, dem wir folgen sollten, dann liegt es doch wohl auf der Hand, daß dies eine Weiterentwicklung des Projekts «Sprache» mit sich bringt. Vielleicht geht es bei dieser ganzen Technik nur um eine optimale Verdichtung des Wortes. Charakteristisch für die Moderne ist das immer klarer und perfekter werdende Erzeugen oder Heraufbeschwören von Bildern. Wir brauchen doch nur hundert Jahre zurückzugehen: Das Genaueste, was man damals als Bild zu produzieren vermochte, war eine braunstichige Fotografie. Heute haben wir ...

RALPH: ... das hochauflösende Fernsehen.

TERENCE: Genau. Hochgeschwindigkeitsdruck. Virtuelle Realität. Das World Wide Web. Es ist, als ob die Sprache Fleisch würde. Wenn sich alle Erkenntnis, alle Erklärung ins Reich des Sichtbaren transformieren ließe, entspräche das etwa dem selbstverständlichen Einsatz von Telepathie, verglichen mit der linguistischen Wirklichkeit, in der wir derzeit leben.

RALPH: Das hört man gern.

RUPERT: Vielleicht kehren wir ja wieder um, nach einem jahrhundertelangen Umweg durch das Reich des Lesens und Schreibens. In den längsten Abschnitten der menschlichen Geschichte und auch noch heute für mehr als die Hälfte der auf diesem Planeten lebenden Menschen spielt das Lesen und Schreiben für die Verständigung nicht die entscheidende Rolle. Die meisten Kulturen waren ursprünglich mündliche Kulturen, und der größte Teil der Menschheit kann noch immer nicht lesen und schreiben. Wenn du nicht lesen und schreiben kannst, bedeutet das, daß die Sehrinde in deiner linken Gehirnhälfte noch nicht von den Sprechzentren mit Beschlag belegt worden ist. Sobald du Lesen und Schreiben lernst, wird der visuelle Teil der linken Seite des Gehirns von den Sprechzentren übernommen. Das Gehirn gewöhnt sich an den Umgang mit dem linearen Druck, paßt sich dem Lesen und Schreiben von Buchstaben an, und das schaltet einen Großteil seiner visuellen Verarbeitungsfähigkeiten aus.

RALPH: Und nun hast du Angst, ich würde auch noch die andere Hälfte ausschalten wollen.

RUPERT: Soweit ich weiß, gibt es nur ganz wenige Untersuchungen über den Unterschied zwischen den Denkmustern von Menschen, die nicht lesen und schreiben können, und den Mustern von Menschen, die das können. Ich spreche jetzt nicht von Menschen in unserer Gesellschaft, die nicht lesen und schreiben können, weil sie

Legastheniker sind oder aus irgendwelchen Gründen keine Schule besucht haben, sondern ich meine ganze Kulturen, in denen niemand oder nur wenige Menschen lesen und schreiben können, in denen die Sprache eine ganz andere Rolle spielt. Als ich in Indien gelebt habe, entdeckte ich, daß Sprache für Analphabeten ein überaus mächtiges Medium ist, das Metaphern und Bilder auf ganz andere Weise heraufbeschwört als bei Menschen, die lesen und schreiben können. Du hast dich ja selbst darüber beklagt, daß die neue Studentengeneration in Santa Cruz sozusagen nicht mehr lesen und schreiben kann. Vielleicht ist der Kurzschluß im Alphabetismus schon weit fortgeschritten, und es entwickelt sich eine neue Art von visueller Sprache.

TERENCE: Tatsächlich gibt es derzeit eine große Diskussion über diesen Unterschied zwischen den sogenannten Lineardruck-Kulturen und den mündlichen Kulturen wie der der Aborigines. Das hat Marschall McLuhan gemeint, als er sagte, daß die symbolische Bedeutung der Sprache irgendwie, zuerst durch das Schreiben und dann durch den Druck, alle möglichen Auswirkungen auf die Entwicklung des westlichen Geistes hatte, derer wir uns – bis McLuhan – absolut nicht bewußt waren. Er glaubte beispielsweise, daß erst die lineare, einheitliche Qualität des Drucks die intellektuellen Voraussetzungen für die Akzeptanz einer Idee wie die der Demokratie schuf, die wiederum von den Griechen erst entwickelt worden sei, nachdem sie ein phonetisches Alphabet hatten. Er meinte, daß moderne, auf austauschbaren Teilen beruhende industrielle Produktionsmethoden nur denkbar seien vor dem Hintergrund einer Druckkultur mit ihrem Prinzip der beweglichen Lettern. Die Idee vom Bürger als Ausdruck eines über unsere individuelle biologische Unterschiedlichkeit gelegten uniformistischen Impulses hätte nie in einer Kultur ohne den Druck aufkommen können. Der entscheidende Punkt in McLuhans Analyse ist die Feststellung, daß wir im allgemeinen unglaublich naiv sind hinsichtlich der von uns eingeführten Datenverarbeitungstechniken, weil wir uns nur für Input und Output interessieren.

Dagegen begreifen wir gar nicht, daß erst das, was sich *zwischen* Input und Output abspielt, einer Kultur ihre besondere Note verleiht, ihre Werte, ihre impliziten politischen Voraussetzungen ebenso wie ihre Einstellung gegenüber der Natur schafft. Wir sind eben eine sowohl lineare wie hierarchische Druckkultur.

RALPH: Sind wir eine? Oder waren wir eine?

TERENCE: Wir erleben mit dem ausgehenden 20. Jahrhundert gerade einen Übergang. Leider bekommen das die Intellektuellen an der Spitze der Pyramide erst ganz zuletzt mit. Sie brüten noch über der Philosophie von John Locke und Hegel, während sich die Realität in Wahrheit im *trance dance* und im Internet abspielt. Kulturen pflegen ja von Leuten beherrscht zu werden, die erst ganz zuletzt die neuen Techniken mitbekommen, die die Kultur umgestalten. All dies Gejammere über den Tod des Alphabetismus – da könnten wir genausogut auch über das Aus-der-Mode-Kommen der Gamaschen oder des Zylinders jammern. Der Alphabetismus ist am Ende. Er war eine Phase. Er sollte nur noch von Museumskustoden aufbewahrt werden. Wir werden alle ganz offensichtlich in einer Kultur leben, die von neuen Medienformen gestaltet wird.

RALPH: Ich beklage mich darüber, daß meine Studenten Analphabeten sind, weil ihnen die Geschichte dadurch verschlossen bleibt. Sie finden keinen Zugang zu ihr. All diese phantastischen Bücher über das Mittelalter, die Vorgeschichte, über Archäologie und so weiter werden niemals in dokumentarische Videos übersetzt werden. Es genügt durchaus nicht, ein paar Kustoden zu haben, die mit der Library of Congress und dem British Museum in Kontakt stehen.

TERENCE: Meinst du nicht, Ralph, daß dies eigentlich eine Art von Gedächtnisschwund ist? Deine Studenten sind doch keine Analphabeten. Analphabetismus ist es, wenn du den Unterschied der Sprache zwischen Melville und Hawthorne nicht bemerkst. Um Gedächtnisschwund handelt es sich, wenn du dir nicht merken kannst, ob der Dreißigjährige Krieg vor oder nach den Rosenkriegen stattgefunden hat.

RALPH: Wenn du lesen und schreiben kannst, aber mit dem Gedächtnis Probleme hast, kannst du alles Wissen, was du vergessen hast, in einem Lexikon nachschlagen oder in einer Hypercard abfragen. Die historischen Medien verlieren doch nicht ihre Bedeutung, nur weil neuere Medien entwickelt werden.

Sprechen wir von einem anderen Problem, auf das du in deinem Buch ausführlich eingehst: das Fernsehen als Droge. Zuerst hatten wir botanische Drogen, dann hatten wir chemische Drogen, und nun haben wir elektronische Drogen. Wie du schreibst, sehen meine Studenten seit ihrer Geburt zwischen sechs und neun Stunden täglich fern. Das heißt, sie gehen unglaublich versiert und schnell mit Bildern um, und das kann man als einen phantastischen Fortschritt der menschlichen Intelligenz werten. Innerhalb von Sekunden können erstaunliche visuelle Informationsmengen vermittelt werden, vor allem von clever gemachten Fernsehwerbespots. Du kannst diese Spots freilich nicht im afrikanischen Busch zeigen und erwarten, darauf die gleiche schnelle Reaktion zu erhalten. Die Menschen müssen darauf trainiert werden, indem sie seit ihrer Geburt mindestens sechs Stunden täglich visuellen Freiübungen machen. Nicht so gut ist der Umstand, daß das meiste Zeug, das man im Videoladen zu kaufen oder im Fernsehen vorgesetzt bekommt, unglaublich schlecht ist. Wenn es einen Dokumentarfilm über *Food of the Gods* gäbe, würde das kaum jemand mitkriegen, weil man wie selbstverständlich den Denver-Clan anschaut. Der Drogenmißbrauch der Neuen Medien zeichnet bereits ihre Zukunft vor. Diese Chreoden-Rinne* im morphogenetischen Feld ist inzwischen

* Näheres dazu siehe in Rupert Sheldrake: *Das Gedächtnis der Natur*, Bern 1990, Seite 134 f.

schon so tief, daß wir die Videotechnik wohl nicht mehr zu einer effektiven Kulturressource umfunktionieren können.

RUPERT: Das ist genau das Problem, das ich mit deiner Methode habe. Diese Computergrafiken wenden im Grunde Techniken des Fernsehstils an.

RALPH: Supercomputer wie der 200-Megaflop Massive Parallel Processor, der vor drei Jahren noch 13 Millionen Dollar gekostet hat, sind heute für 500000 Dollar zu haben. In fünf Jahren wird einer in deiner Küche stehen, deine Kochrezepte archivieren und deine Mikrowelle steuern. Ich glaube, wenn diese Supercomputer erst einmal in Küchen und Kindergartenspielzimmern stehen und die Menschen mit ihnen aufwachsen, dann wird damit eine ungeheure Vergrößerung des Spielzimmers und eine Erweiterung des Lebenshorizonts einhergehen. Diese Maschinen werden fast so interessant sein wie Psychedelika, wenn man mit ihnen in Dialog zu treten versteht. Was am passiven Medium des Fernsehens so falsch ist, ist der Umstand, daß es tot ist – irgendein Idiot hat es programmiert und zur Verfügung gestellt, und nun wird es wie eine Droge vertrieben. Die Leute sind tatsächlich süchtig danach, geistig abzuschalten, nur dazusitzen und die Phantasien von irgend jemand anderem zu empfangen und zu konsumieren.

TERENCE: Du glaubst gar nicht, wie pervers die Menschen sind, was ihre Neigung betrifft, das Passive zu bevorzugen. Als ich 1977 meinen ersten Homecomputer gekauft habe, lag ihm ein Handbuch mit dem Titel «Basic Basic» bei. Es sollte einem beibringen, wie der Computer zu programmieren sei. Erst nach einem halben Jahr ging den Herstellern des Geräts auf, daß sie das Begleitbuch völlig neu konzipieren mußten, da nur eine verschwindend geringe Zahl von Leuten jemals einen Computer neu programmieren würde. Und was die MPP, diese Supercomputer, betrifft: Sie mögen dich zwar in den Zustand versetzen, den eine psychedelische Droge erzeugt, doch der Trip hängt davon ab, welche Software man ihnen eingibt.

Wer mit der MPP-Maschine nur seine Kochrezepte ordnen will, trivialisiert dieses Werkzeug, weil er nicht weiß, was es kann. Das ist vermutlich das gleiche, wie wenn du eine psychedelische Droge nimmst, um deine Beziehungsprobleme zu lösen. Die Frage, die du ihm diesbezüglich stellst, ist töricht und kleinkariert. Vielleicht können die Psychedelika ja helfen – aber was für eine ungeheure Energieverschwendung!

RALPH: Jedes Werkzeug wird ebenso mißbraucht wie gebraucht. Die beliebtesten Bücher sind Kochbücher. Gleichwohl schreiben wir auch Bücher, und ein kleines bißchen nehmen sie an der Entwicklung der Geschichte teil. Die Tatsache, daß die meisten Bücher Ratgeber für die Küche sind, macht doch den Wert von Büchern nicht zunichte. Das gleiche gilt für die Neuen Medien: Während die meisten Leute sie dazu verwenden werden, einen Stapel von Rezepten oder Pornobilder oder sonstwas zu speichern, gibt es doch auch eine Menge interessanter und wichtiger Materialien, die durch dieses Medium verfügbar gemacht werden und auf keine andere Weise zugänglich sind. Nichtsdestotrotz muß ich sagen, daß ich ziemlich deprimiert war, als mit klar wurde, daß meine Studenten nicht nur nicht lesen oder schreiben konnten, sondern daß obendrein ihr Interesse an Computern viel geringer war als das der Klasse vor ihnen. Seit drei oder vier Jahren geht das Interesse am Computer zurück, außer bei den Computerspielen. Die intelligentesten Kinder in der High-School tun nicht anderes, als Nintendo zu spielen. Kollegen von mir, hervorragende Mathematikprofessoren aus China, spielen nach der Arbeit nur noch Tetris und Gameboy.

TERENCE: Vor zehn Jahren wäre es noch Heroin gewesen. Heute ist es bloß noch Gameboy.

RALPH: Es ist viel gefährlicher, denn es ist noch nicht illegal, noch nicht verboten!

RUPERT: Ich möchte noch auf einen letzten Punkt verweisen. Das Modell, das du vorschlägst, führt uns noch weiter in die künstliche, von Menschenhand gefertigte Welt der Technik hinein, und dabei haben wir eine unglaubliche Vielfalt in der Welt der Natur, für die sich kaum noch jemand interessiert. Da gibt es Herbarien, Pflanzen- und Schmetterlingssammlungen, geologische Museen mit Gesteins- und Kristallproben jeglicher Art, und niemand nimmt sie zur Kenntnis. Es gibt eine unglaubliche Formenvielfalt in der Welt der Natur, und wir bevorzugen immer mehr die ganz und gar künstliche Welt der Technik und der von Menschenhand gefertigten Muster. Wie sollen wir von daher ein wesentlicheres Gefühl unserer Zusammengehörigkeit mit der so viel größeren natürlichen Welt bekommen?

RALPH: Ich glaube, daß unsere Zugehörigkeit zur Welt der Natur durch die Neuen Medien enorm verstärkt wird, und zwar ungeachtet der Tatsache, daß sie für die meisten Menschen nur eine neue Form von Drogen sind. Ich glaube, daß beispielsweise Planetarien, die ja künstliche Modelle des Himmels sind, nur heller und einfacher und leichter zu verstehen, und die entsprechenden Dokumentarfilme darüber, ein ungeheures Potential darstellen, um die Menschen auf den echten Himmel aufmerksam zu machen, der schließlich die höchste Quelle unseres Geistes, unseres Intellekts, unserer Mathematik und unserer Sprache ist. Auch wenn die Errichtung von Planetarien in Großstädten auf der ganzen Welt zwar eine Erweiterung der synthetischen Welt auf Kosten der Natur ist, so liegt ihr doch die Idee zugrunde, die Menschen auf das aufmerksam zu machen, was schon von Urzeiten her da ist. Ich glaube, ein Hypercard-Stapel mit hochwertigen Hochgeschwindigkeitsfarbbildern und exzellenter Tonqualität, der alle Käfer im Amazonasdschungel enthält, würde es mir doch sehr erleichtern, das zu verstehen, was ich sehe, wenn ich tatsächlich einmal hinfahre.

TERENCE: Ich möchte Ralph gern beipflichten. Ich denke nicht, daß wir es hier mit einer Reise zu tun haben, die uns immer tiefer in die Künstlichkeit hineinführt. Die Wissenschaft ist schon seit langer, langer Zeit auf ihre Instrumentarien angewiesen. Die Welt der Natur, die Ralphs Programm offenbaren würde, ist die natürliche Welt der Syntax. Mit anderen Worten: Die Sprache wäre ein viel leichter zugänglicher Untersuchungsgegenstand, wenn sie visuell umgesetzt wäre. Und ich erwarte, daß dies geschieht. Mir scheint, daß wir eine neue Grenze in der Naturgeschichte dieser komplexesten und am wenigsten verstandenen Verhaltensform – der Sprache – erreicht haben. Die Instrumentarien dafür mögen Computer, Hochgeschwindigkeitsbildwandler und andere Apparaturen sein, aber im Grunde unterscheiden sie sich doch nicht vom Hubble-Teleskop, mit dem man Daten aus einem sehr fernen Teil des Universums herauskitzelt und sie dann klar darstellt. Könnten wir das Phänomen «Sprache» vollkommen verstehen, würden wir etwas über unseren Platz in der Natur erfahren, was wir bislang nicht wissen. Wir sind das komplizierteste Wesen, das wir kennen, und das Feedback der Sprache ist die Kultur, das ungewöhnlichste Phänomen in der Natur.

RALPH: Ich sehe auch die Mathematik als einen Teil der Natur. Sie ist eine Landschaft, die erkundet werden kann, einfach und direkt und mit unglaublichem Vergnügen, ein Terrain, auf dem man immer weiterkommt, genau wie auf dem des psychedelischen Logos oder in irgendeinem anderen Bereich der Welt. Die mathematische Landschaft gehört andererseits nicht zur Spezies Mensch. Sie gehört nicht einmal zur Erde, sondern zum Himmel. Sie ist ein Teil des unendlichen Universums, in dem wir leben. Daher ist es auf jeden Fall von Vorteil, mit irgendwelchen Mikroskopen, Teleskopen, Kaleidoskopen oder Computergrafikwerkzeugen unseren Blick ins mathematische Universum zu schärfen. Wie sich das mit unserer Rolle in der Gesellschaft vereinbaren läßt, ist allerdings ein Problem. Wir stehen mitten in einer evolutionären Herausforderung, die die Spezies Mensch vielleicht nicht überlebt. Ich meine, unsere Schwierigkeiten beruhen zum Teil darauf, daß unsere Kultur die Mathematik ablehnt. Mathematik ist im Prinzip die Verbindung von Vater Himmel und Mutter Erde. Ich habe mein Lebenswerk dieser Beziehung zwischen dem psychedelischen und dem mathematischen Aspekt unseres Seins gewidmet. Soviel zum Abschluß dieses Themas.

3 *Welche Aufschlüsse uns Hawaii über Evolution gibt*

TERENCE: Thema dieses Gesprächs ist Hawaii. Es geht darum, welche Aufschlüsse uns die Insel über Evolution gibt und wie sie mit Insel-Ökosystemen und deren evolutionärem Prozeß generell zusammenhängt. Ich werde dabei die Rolle des Moderators übernehmen, denn zufällig habe ich im Laufe meines Lebens die meisten größeren Schauplätze der Evolution aufgesucht, die jene Inselgruppen betreffen, welche als Beispiele der verschiedenen Arten von Inselgruppen auf unserem Planeten gelten.

Hawaii, wo wir diesen Trialog aufzeichnen, ist eine Gruppe von mitten im Ozean gelegenen Vulkaninseln. Die einzigen anderen mitten im Ozean gelegenen Vulkaninselgruppen auf der Welt sind die Azoren, die Kanarischen Inseln und die Seychellen. Sie unterscheiden sich jedoch sehr von Hawaii, insbesondere die Seychellen, die als Teil der Landmasse von Madagaskar seit rund 300 Millionen Jahren über Wasser liegen, vielleicht länger als irgendein anderer Ort auf dem Planeten, und hier steht der evolutionäre Prozeß in einem dramatischen Gegensatz zu der weitaus jüngeren Evolution auf den Hawaii-Inseln. Diese sind ein einzigartiger Fall aufgrund der Größe der Vulkankessel und der Schlote unter dem Meeresboden des Pazifiks, die sie geschaffen haben. Ja, diese Schlote und vulkanischen Ausflußkanäle sind die größten auf dem Planeten. Bei Hawaii haben wir es mit einer tektonischen Platte zu tun, die langsam auf den Südosten Rußlands und auf Japan zugleitet und dabei eine schwache Stelle in der Erdkruste überquert, eine Stelle, an der das Kernmagma des Planeten erheblich näher an der Oberfläche liegt als sonstwo auf der Erde. Diese besondere Situation hat eine Reihe von Inseln hervorgebracht, die sich im selben Hot Spot gebildet haben und auf der Kontinentalplatte in Richtung Nordwesten versetzt wurden und noch werden.

Das Leben auf den Hawaii-Inseln weist eine 30 bis 35 Millionen Jahre währende endemische Entwicklung auf, und zwar mit der normalen Rate von Genmutationen, wie sie die Biologen kennen. Gleichwohl ist keine der Hawaii-Inseln geologisch gesprochen älter als 12 Millionen Jahre. Diese Fakten legen die Deutung nahe, daß das Leben hier draußen auf Inseln entstand, die nicht mehr existieren, und bevor sie wieder versanken, hopste das Leben von einer Insel zur anderen. Tatsächlich zeigt die Ausbreitungsrate von Vögeln, Baumschnecken und anderen Organismen, auf ihrer Wanderung nach Osten von Kauai über Oahu, Molokai und Maui bis zur Hauptinsel Hawaii, daß dieser Trend noch immer anhält. Die Wälder auf Hawaii enthalten die wenigsten Arten aller Wälder der großen Inseln. Hawaii ist deshalb so artenarm, weil noch immer Tiere von den anderen Inseln hierherkommen. Doch da seine Vulkane so hoch und ausgedehnt sind, weist Hawaii gleichwohl eine vollständige Palette der ökologischen Systeme auf – von Meereshöhe bis zu 4200 Metern. Das sind praktisch sämtliche Höhenlagen, in denen Leben auf unserem Planeten möglich ist. Der Vulkan Mauna Loa selbst ist von seinem Volumen her der größte Berg der Welt, weil er auf Meereshöhe bereits über 4000 Meter hoch ist, denn in dieser Gegend ist der Pazifische Ozean über 4000 Meter tief.

Hier draußen ist weit weg von jeder kontinentalen Landmasse ein vollkommen in sich geschlossenes Ökosystem entstanden. Die hier anzutreffenden Lebensformen kamen auf Treibholz, im Federkleid von Vögeln oder auf andere höchst ungewöhnliche Weise her. Wir haben es mit einer Auslese kontinentaler Arten zu tun, die auf extremer Unwahrscheinlichkeit basiert. Nehmen wir als Beispiel eine in der Sierra Nevada sehr weit verbreitete unauffällige Wildblume. Offenbar landete vor einigen Jahrmillionen ein einzelner Same auf Maui, und durch Kreuzung ist eine mutierte Pflanzenart entstanden, die die Bezeichnung Hawaiian Silversword trägt, eine der bizarrsten endemischen Pflanzen, die die Insel hervorgebracht hat.

Was das Phänomen von Inseln innerhalb von Inseln und den fraktalen Entwurfscharakter der Natur angeht – auf Hawaii ist dies alles ganz evident. Weil die Insel durch eine Reihe von Lavaströmen unterschiedlichen Alters entstanden ist, läuft beispielsweise ein ständiger Prozeß ab, bei dem Ökosysteme isoliert werden, weil Lavaströme sie abschneiden. Damit haben wir eine Reihe von Mikroinsel mit Arten vor uns, die sich unabhängig voneinander entwickeln, auch wenn sie vielleicht nur ein paar Kilometer auseinanderliegen. Sie sind nämlich durch eine Landschaft voneinander getrennt, die so giftig und wüst ist, daß sich kaum Gene vermischen. Darin erblickt man auch einen morphogenetischen Faktor in der Entwicklung der Hawaiischen Fruchtfliege, der *Drosophila*, der natürlich bei den frühen genetischen Untersuchungen sehr nützlich war, weil die Chromosomen der auf Hawaii anzutreffenden *Drosophila* zehntausendmal größer sind als die der gewöhnlichen *Drosophila*. Deswegen konnte man ihre Chromosomenbänder schon in der Zeit vor dem Einsatz von Elektronenmikroskopen mit verschiedenen Farben markieren.

Wenn wir einmal all diese speziell hawaiischen naturgeschichtlichen Daten in eine Art allgemeines Modell übertragen, dann glaube ich, macht das Leben auf dieser Insel uns klar, daß die Erde selbst eine Insel ist. Ich sage schon seit Jahren, daß eine der revolutionärsten, doch völlig trivialen und vorhersagbaren Umwälzungen, die es mit Sicherheit in der Biologie geben wird, in der Erkenntnis besteht, daß Modelle der insularen Isolation oder der Verbreitung der Arten über die Ozeane sich ohne weiteres auf den dreidimensionalen Ozean des Weltalls übertragen lassen. Ganz bestimmt sickern Viren, Genfragmente, molekular codierte Informationen zwischen den Sternen schlicht als eine statistisch ganz geringe Komponente des allgemeinen kosmischen Staubs und Schutts durch. Es wird seit Jahren immer wieder – von Fred Hoyle und anderen – versucht, dieser Vorstellung Anerkennung zu verschaffen.

Vor kurzem wurde eine Theorie vom Kometenursprung des Lebens aufgestellt. Es liegt für mich völlig auf der Hand, daß diese Aufnahme im Laufe der Zeit allgemein akzeptiert werden wird, da, wie wir wissen, alle Viren bei großer Kälte einen kristallinen Zustand annehmen, so daß sie fast Mineralien sind. Und was die Verbreitung zwischen Himmelskörpern betrifft, so herrscht heute Einigkeit darüber, daß eine Reihe von Meteoriten, die man in der Antarktis gefunden hat, tatsächlich Fragmente vom Mars sind. Daher werden meiner Meinung nach die Arbeiten über Insel-Verbreitungsmuster sowie die Statistik und Mechanik dieses Prozesses schließlich eine Rolle bei der Bildung eines Modells spielen, wie sich das Leben in der gesamten Galaxis verbreitet hat.

Einige andere Inseln, die ich hier einbeziehen kann, sind die indonesischen Inseln, die das extrem andere Ende des Spektrums der Klasse der tropischen Inseln darstellen. Wir haben es auf den Hawaii-Inseln, wie gesagt, mit mitten im Ozean liegenden Inseln fern von jeder kontinentalen Flora und Fauna zu tun. Indonesien dagegen ist ein versunkener Kontinent. Noch vor 120000 Jahren war Indonesien, von Sumatra bis Neuguinea, eine einzige Landmasse, die die Paläobiologen als Sundaland bezeichnen. Im Laufe des Absenkprozesses dieses flachen Kontinents füllte das Meer die tieferen Stellen auf, so daß es heute einen direkten Zusammenhang zwischen der Artenspezialisierung auf jeweils zwei benachbarten indonesischen Inseln und der Meerestiefe zwischen ihnen gibt. Diese Zusammenhänge sind immer wieder aufgezeigt worden. Eines der großen Rätsel für die Biologen des 19. Jahrhunderts war das sogenannte Problem der Wallace-Linie. Der britische Zoologe und Forschungsreisende Alfred Russel Wallace, mit Darwin Entdecker des Prinzips der natürlichen Auslese, glaubte, daß man zwischen den Inseln Bali und Lombok und dann westlich von Celebes eine Linie ziehen könnte, die Konvergenzlinie zwischen den biogeographischen Zonen Australiens und Asiens.

Statistische Untersuchungen, hauptsächlich des Zoologen Ernst Mayr, haben diese Vorstellung widerlegt. Ich dagegen habe Schmetterlinge an mehreren Orten auf beiden Seiten der Wallace-

Linie gesammelt und kann daher Wallace' Beobachtung bestätigen. Ich wundere mich eigentlich über Mayrs Schlußfolgerung. Wallace kam zu der Erkenntnis, daß diese Wälder ganz unterschiedlich seien: Die Vogelstimmen, die Schmetterlinge, die Flora – alles schien anders zu sein. Aber Mayr behauptet, daß es da keine klare Linie gäbe. Es gäbe vielmehr ein Gefälle von Australien nach Malaysia in einer Richtung und von Malaysia nach Australien in der anderen Richtung. Inselgruppen wie diese – und ich habe noch gar nicht die Galapagos-Inseln erwähnt, aber die sind ein anderes Beispiel – sind völlig unüberschaubare Laboratorien der Artenbildung, und als Darwin, Wallace, Henry Walter Bates und andere Biologen des 19. Jahrhunderts, die sich mit dem sogenannten Artenproblem befaßten, vor Ort standen, mußten sie einfach von diesem besonderen Phänomen und seinen Variationen beeindruckt sein. Sie konnten nicht verstehen, wessen Finger die Harfe strichen, bis sie erkannten, daß gleiche Populationen, die durch eine Katastrophe wie die Überflutung durch Meerwasser oder einen Lavastrom getrennt wurden, unter einen Selektionsdruck gerieten, der zur Folge hatte, daß sie geringfügig andere physische Merkmale annahmen. So findet man beispielsweise im Amazonasbecken auf einer Länge von 3000 Kilometern nur einen 15prozentigen Artenwechsel bei den Schmetterlingen. In Indonesien überquert man eine nur 30 Kilometer breite Wasserstraße und stellt bei Schmetterlingen einen 17prozentigen Artenwechsel fest. Darwin und Wallace suchten diese Orte auf, sie befaßten sich mit der Flora und Fauna sowohl auf den Kontinenten wie auf den Inseln, und aufgrund genauer Beobachtung verstanden sie schließlich, worin der Mechanismus der Artenbildung bestand. Und das ist ja wirklich eine wunderbare Sache. Nehmen wir beispielsweise die Vielfalt der Schmetterlinge: Hier verleiht die Vielfalt an sich einen Anpassungsvorteil. Weil Schmetterlinge weitgehend von Vögeln gejagt werden, ließ sich in zahlreichen Untersuchungen nachweisen, daß Vögel auf ein bestimmtes Zielbild Jagd machen. Sie haben ein bestimmtes Bild von ihrer Beute. Sobald sich durch die Neukombinierung von Genen die Flügelfarbe oder -form ändert, scheidet das bisherige Beutetier aus dem Zielspektrum aus, es wird ignoriert und überlebt.

RALPH: Wie wir!

TERENCE: Man kann sagen: Die Vielfalt ist eine Prämie im Spiel der Evolution. Das Neue wird in das bestehende genetische Modell eingearbeitet, weil die Neuheit in dieser Situation einen Anpassungsvorteil darstellt, für Vögel wie Schmetterlinge und andere Lebewesen. Ich meine, die Schlußfolgerungen aus alldem liegen ganz nahe. Die Erde ist eine kleine Insel, wir verursachen große Veränderungen in ihren ökologischen Parametern, wir beeinflussen Pflanzen- und Tierpopulationen. Indem wir untersuchen, wie die Evolution Inselgruppen formt, können wir uns tatsächlich unserer eigenen Inselhaftigkeit im Kosmos bewußt werden und vielleicht endlich politisch wirksame Schlußfolgerungen daraus ziehen.

RUPERT: Du hast uns einen wunderbaren Überblick vermittelt, Terence. Allerdings ist ein großes Evolutionsrätsel damit noch nicht gelöst. Inseln spielen eine ungeheure Rolle bei der Artenbildung, wie alle Evolutionisten glauben und wofür Darwin wie Wallace klassische Beispiele vorgelegt haben. So kann an Orten, wo es Kontakte durch Inselketten gibt – wie im Malaiisch-Indonesischen Archipel, einem der großartigsten Schöpfungszentren der Arten auf der Welt –, die Flora extrem artenreich sein. Wie du gesagt hast, entsteht diese evolutionäre Kreativität aus der Kombination einer Isolierung auf Inseln plus der Vermischung zweier absolut radikal anderer Floren, wodurch sich weitere Arten aufgrund vielfältiger neuer Möglichkeiten und Kombinationen entwickeln können.

TERENCE: Und dieser Prozeß wurde wie durch eine Pumpe durch das ständige Kommen und Gehen des Meeres in Gang gehalten, das wiederholt Populationen auf Inseln zeitweise isolierte und sie dann wieder vereinte.

RUPERT: Außerdem wurde der Prozeß vermutlich durch die Eiszeiten in Gang gehalten, nicht nur durch Veränderungen in der Höhe des Meeresspiegels, sondern auch durch die Verdichtung aller Lebensformen in Richtung Tropen, der nach dem Ende jeder Eiszeit wieder eine Artenwanderung in Richtung der Pole folgte. All dies spricht für die Annahme eines Zentrums der evolutionären Kreativität im Malaiisch-Indonesischen Archipel. Das Problem ist nur, daß es das andere große Zentrum der evolutionären Kreativität, das Amazonasbecken, nicht erklärt.

TERENCE: Die Lösung ist ganz einfach. Es hat sich schlicht schon seit sehr langer Zeit über dem Meeresspiegel befunden. Mit anderen Worten: Die Situation im Malaiisch-Indonesischen Archipel datiert aus wesentlich jüngerer Zeit. Vermutlich sieht dieses Gebiet erst seit 70 oder 80 Millionen Jahren so aus. Der Amazonas dagegen verläuft schon seit 280 bis 300 Millionen Jahren über dem Meeresspiegel. Demnach hat die simple Tatsache, daß er in den Tropen mit ihren drei, vier oder fünf Fortpflanzungszeiten pro Jahr für viele Organismen liegt und nie durch Meerwasser überschwemmt oder durch irgendeine Katastrophe gestört wurde, diese unglaubliche Artenbildung auf einer kontinentalen Landmasse ermöglicht. Soweit wir wissen, hat sich dies auch in Afrika nicht so abgespielt, wenngleich die Menschheit dermaßen auf Afrika eingewirkt hat, daß man sich keine richtige Vorstellung von seiner ursprünglichen Naturgeschichte machen kann. Aber dies ist, kurz gesagt, die Lösung deines Problems: Der Amazonas jedenfalls verläuft seit Urzeiten über Meereshöhe.

RUPERT: Wir haben es also mit zwei unterschiedlichen Methoden der fruchtbaren Evolution zu tun. Die eine hängt von einer langen Verweildauer ab, wie im Falle des Amazonas. Die andere von Isolation, wechselndem Klima, Vermischung von Gen-Pools und so weiter.

TERENCE: Was die Lage im Amazonasbecken auf einer Mikroebene so wechselhaft gestaltet hat, ist das Mäandrieren von Flüssen. Du weißt ja, daß es in einem geschlossenen System für jede neue Art sehr schwer ist, Halt zu finden. Aber weil Flüsse mäandrieren, dabei Wälder vernichten, Sandbänke und Zwischenzonen unbelebten Landes schaffen, können sogenannte Pionierarten dort Einzug halten. Und genau dort findet die Artenbildung statt. Der Ethnologe Carl Sauer schätzte, daß vor dem Vordringen der menschlichen Kultur die mäandrierenden Flüsse die Hauptkraft für die heutige Pflanzenentwicklung auf unserem Planeten dargestellt haben. Diese Grenzverschiebungen gehen in großem Maße weiter, und in dieser sich verschiebenden Grenzzone können Mutanten, das heißt neue Formen Halt finden. Daher wird eine Pionierpflanzenart die folgenden Eigenschaften aufweisen: Sie wird einjährig und samenreich sein. Sie wird krautig und nicht holzig sein. Kurz, sie wird wie ein Unkraut sein. Und genau das ist ein Unkraut: eine Pionierart, eine ungeheuer robuste und rücksichtslose Art, die fürs offene Land geeignet ist, völlig außerstande, sich im Wald zu behaupten, aber sehr wohl in der Lage, sich flächendeckend auf freiem Boden durchzusetzen.

RUPERT: Ja, gut, aber Isolation, neue Milieus und so weiter erklären nur eine Seite der Evolution. Ich meine, da gibt es noch eine andere Seite, die der Darwinismus nicht erklären kann, weil er die natürliche Auslese zu stark betont. J. C. Willis, der britische Botaniker, der in Ceylon gearbeitet und die asiatische Flora gut gekannt hat, war zunächst ein überzeugter Darwinist, mußte sich aber der Schlußfolgerung beugen, daß die Evolution großenteils durch divergente Mutation statt durch natürliche Auslese stattfand. So gibt es zum Beispiel in Ceylon und Indien viele Wasserpflanzenarten der Familie *Podostemaceae*, die in Bächen leben und deren in vielen Formen vorkommende Blätter auf dem Wasser treiben. Jeder Versuch, eine bestimmte Blattform auf eine Anpassung an die Wasserströmung zurückzuführen, scheitert, weil Blätter von ganz unterschiedlicher Form genausogut geeignet zu sein scheinen und nebeneinander gedeihen können.

TERENCE: Die hawaiischen Hapu sind ein ähnliches Beispiel. Wir haben es dabei mit zwei Baumfarnen zu tun, zwei verschiedenen Arten, die in einem Verhältnis von 50:50 verbreitet sind. Die eine Art besitzt schwarze stachlige Stiele, die andere hellbraune weiche. Welcher Auslesedruck hat bewirkt, daß die eine Art Stacheln hat, während die andere ohne auskommt – obwohl sie doch direkt nebeneinander stehen? Mir scheint, daß es da eine Genabweichung geben muß oder einfach eine Vielfalt um ihrer selbst willen.

RUPERT: Das Leben probiert ständig neue Formen aus. Nicht erfolgreiche Neuheiten werden durch natürliche Auslese ausgemerzt. Ein paar sind ein Riesenerfolg. Aber viele neuartige Formen können gleich gut funktionieren und gleich gut überleben wie deine zwei hawaiischen Baumfarnarten. Vielleicht gibt es einfach eine Menge gleichwertiger Arten, die das Neue um der Neuheit willen präsentieren. Jedenfalls sind nicht alle durch die natürliche Auslese gebildet und geformt.

RALPH: Nun, um auf Hawaii zurückzukommen: Wenn ich dich richtig verstehe, dann besteht wohl das Einzigartige an den Hawaii-Inseln darin, daß sie jung sind und daß es sich um extrem ozeanische Inseln handelt, weit weg von allen Kontinenten gelegen. Und die Zuwanderung der Population einer neuen Insel von einer benachbarten Insel ist sichtbar, sogar noch in der Gegenwart, und schließlich erkennen wir ein bestimmtes Muster, das sich immer wiederholt. Daher hat es für mich den Anschein, als würden diese verschiedenen Beispiele, von denen du sprichst, zwei unterschiedliche Prozesse zusammenfassen, die sozusagen mehr oder weniger auf dieselbe Leinwand projiziert werden. Der eine ist ein rein biogeographischer Prozeß, von dem man sich zumindest vorstellen könnte, daß er auch ohne irgendeine Evolution genauso abliefe. Ich spreche von den Arten, die sich zunächst auf Maui befanden und plötzlich durch einen Verteilungsprozeß auf Hawaii auftauchen. Manche Arten sind erfolgreiche Pioniere und bereiten eine Umwelt vor, die für die nachfolgende Art geeignet ist, und ihre Raum-Zeit-Muster entwickeln sich nacheinander in einem sehr interessanten fraktalen Film, der zunächst einmal nichts mit Evolution zu tun hat.

Außerdem – wobei ich von der relativen Zeitskala keine Ahnung habe – hast du es mit einem Evolutionsprozeß zu tun, der entweder während oder nach der Besiedlung einer nagelneuen Insel zu einer Artenbildung führt. Ist dieser Evolutionsprozeß entscheidend für die Population der neuen Insel oder nicht?

TERENCE: Ich glaube, kurzfristig nicht, aber langfristig doch. Weil viele Lebensformen auf diesen Inseln entstehen, ist kein freier Platz mehr da. Neuankömmlinge müssen sich gegen diese besondere Art der Inselbildung durch Lavaströme, von der ich sprach, und andere großräumige Katastrophenvorgänge behaupten, die sich auf den Hawaii-Inseln abspielen. Im Grunde, meine ich, haben wir es mit einer Genmischung zu tun, die viel schneller als an den meisten anderen Orten vor sich geht, ganz zu schweigen von der großen Anzahl von Pflanzen und Tieren, die durch den Menschen eingeführt wurden. Eine der anderen einzigartigen Besonderheiten von Hawaii, die ich noch nicht erwähnt habe, ist der Umstand, daß die Menschen erst spät hierherkamen, und dieses Fehlen menschlichen Einwirkens über lange Zeit vermittelt uns ein klareres Bild von dem, was hier geschehen ist. Hawaii ist fast so etwas wie ein beschleunigter Mikrokosmos der Erde an sich – vermutlich acht Zehntel der großen Insel befinden sich noch in der präarchäozoischen Phase, sie sind also fast abiotisch, leblos, und große Gebiete sind nur von Flechten bedeckt, während sich hier und da in den Spalten schon mal die eine oder andere Farnart angesiedelt hat.

RALPH: Du hast von einer Pumpe gesprochen, die diese Vorgänge in Gang hält, und das hat mir gefallen. Da gibt es also eine Art von gemeinsamer Kraftausübung oder Koppelung, eine Art von wechselseitiger Abhängigkeit zwischen diesen verschiedenen

Prozessen – physikalischen Prozessen wie beispielsweise das Fließen von Lava, das Mäandrieren von Flüssen oder das Auftauchen von Inseln und raum-zeitlichen Evolutionsprozessen.

TERENCE: Die Pumpe – das sind eigentlich die Eiszeiten. Sie heben und senken den Meeresspiegel. Sie lassen Wüsten entstehen und senken die Luftfeuchtigkeit. Sie erzwingen eine Veränderung. Und sie werden vermutlich durch Schwankungen in der Thermodynamik der Sonne angetrieben.

RUPERT: Ich möchte doch darauf hinweisen, daß der Evolutionsprozeß ganz anders aussieht, wenn ihr die morphische Resonanz in Betracht zieht. Die Gewohnheitsbildung wird dann ein viel wichtigerer Evolutionsprozeß.

Individuelle Organismen passen sich neuen Milieus an. Ihr könnt die Samen einer bestimmten Pflanze in unterschiedlichen Höhen und in unterschiedlichen Klimaten aussäen, und an vielen Orten werden sie überleben. Aber in diesen unterschiedlichen Milieus wachsen die Pflanzen auch unterschiedlich heran. Baut man sie dort über mehrere Generationen hinweg an, dann entwickeln sie eine neue Gruppengewohnheit, die durch morphische Resonanz stabilisiert wird und keiner genetischen Veränderung bedarf.

TERENCE: Gut angepaßtes Verhalten ist der kleine Spielraum der Anpassungsfähigkeit, der vermutlich nicht genetisch in Gang gehalten wird.

RUPERT: Die Gewohnheitsbildung und das Vererben dieser Gewohnheiten durch morphische Resonanz könnten es ermöglichen, daß die Evolution viel schneller läuft, als Neodarwinisten es für möglich halten, weil sie fast alles den langsamen statistischen Veränderungen in Genhäufungen zuschreiben. Statt mit einer rein zufälligen Mutation und natürlichen Auslese haben wir es mit dem positiven Vorgang zu tun, daß sich Tiere und Pflanzen selbst einer neuen Umwelt anpassen. Sie reagieren oft auf kreative Weise und bilden neue Lebensgewohnheiten aus, die der Umwelt angemessen sind. Daher ist die kreative Anpassung des Lebens an neue Umstände meiner Ansicht nach nicht eine Frage unbedeutender Änderungen. Was wir hier am Werke sehen, ist die dem Leben innewohnende Kreativität: nicht blinde, zufällige Mutation, nicht einfach irgendwelche physikalischen Kräfte, nicht bloß die natürliche Auslese, sondern eine Kreativität, die allem Leben innewohnt. Die morphische Resonanz ermöglicht es dann, daß diese neuen Gewohnheiten stabilisiert und vererbt werden.

Nach dieser Theorie können nicht nur Gewohnheiten durch morphische Resonanz von Generation zu Generation weitergegeben werden, sondern durch morphische Resonanz könnten auch Formen und Gewohnheiten von Ort zu Ort springen, und dies könnte zum Beispiel dazu beigetragen haben, daß sich in Australien Beuteltiere parallel zu Plazentasäugetieren auf anderen Kontinenten entwickelt haben.

TERENCE: Damit würde ganz allgemein die natürliche Auslese getrennter Gene zunehmen.

RUPERT: Ja, diese Dinge wirken zusammen. Es gibt noch immer die natürliche Auslese von Gen-Pools, aber genauso finden auch die kreative Anpassung und die Verbreitung neuer Gewohnheiten statt. Was für mich eigentlich das größte Rätsel von Hawaii zu sein scheint, ist die Frage, warum es hier nicht mehr Arten und Lebensformen gibt. In den Regenwäldern auf Hawaii treffen wir nur rund ein halbes Dutzend Baumarten an, während es auf Sumatra oder im Amazonasbecken Hunderte gibt.

TERENCE: Die Antwort darauf gibt uns wieder die Zeit: 200 bis 300 Jahrmillionen Evolution gegenüber 20 Millionen Jahren. Damit ist alles erklärt.

RALPH: Es gibt so viele Gründe für ein Scheitern. Für mich ist die Regenwald-Umwelt rauh, so üppig sie euch oder anderen Menschen vielleicht auch vorkommt, und ich nehme an, eine Möglichkeit, warum eine neue Art scheitern könnte, besteht darin, daß sie schlechte Gewohnheiten hat. Da mag es Gewohnheiten geben, die sich für uns sichtbar nur in räumlichen Mustern manifestieren. Die Kolonisation der schwarzen Lava durch den Ohia-Baum verläuft anscheinend in einem bestimmten fraktalen Muster, in dem typische Entfernungshäufigkeiten auftreten, die vermutlich etwas mit der Entfernung, die die Samen im Wind zurücklegen, oder mit etwas Ähnlichem zu tun haben. Da gibt es ein bestimmtes räumliches Muster, das fürs Überleben notwendig ist und eine Art von morphischer Resonanz aufweist. Andere Arten, die im Milieu einer Klimakammer genauso stark oder sogar stärker aussähen, würden es in der Lava nicht schaffen, weil sie das falsche räumliche Merkmal aufweisen. Daher könnte sich die Veränderung einer Art, die vielleicht nichts mit der DNA zu tun hat, als Veränderung einer Gewohnheit im Hinblick auf die räumliche Verbreitung erweisen. Die Veränderung der Größe und damit der typischen Entfernung in den Raum-Zeit-Mustern könnte aber auch einfach eine Reaktion auf einen Nährstoff sein. Zuerst sehen wir da die Flechte, und diese Flechte sorgt nur für eine minimale Degradation der Oberfläche, die es dem Ohia-Baum ermöglicht, Halt zu finden. Da das Muster offenkundig fraktal und auf eine ganz typische Weise fraktal ist – und fraktal heißt, daß es eine Resonanz in unterschiedlichen Größenordnungen gibt –, ist die Größenordnung der Flechte viel kleiner als die fraktale Größenordnung der Lavaoberfläche: Es gibt viele Arten von Flechten, aber nur diese eine Art wächst hier, weil ihr fraktales Muster die richtige Grundform hat, so etwas wie eine Zeitwelle, so daß sie tatsächlich mit dem nackten Gestein kompatibel ist. Dann ist auch der Ohia-Baum mit seinem fraktalen Muster kompatibel, offensichtlich sogar in einem viel größeren Maße, weil eine harmonische Resonanz vorliegt, im Gegensatz zu anderen Arten, die disharmonisch sein könnten. Und diese Harmonie, diese Eignung für ein bestimmtes Raum-Zeit-Muster, ist eine Gewohnheit, die sich ändern und anpassen kann, und zwar auf eine Weise, die überhaupt keine Veränderung in der DNA erfordert, eine nichtgenetische Variante, die nur von einer Art morphischem Feld abhängt.

RUPERT: Du sprichst von der Entwicklung ganzer Ökosysteme. Ich glaube aber, das Interessante an dieser Insel, der Hauptinsel von Hawaii, ist die Tatsache, daß dieses Waldökosystem sich an den Hängen des Vulkans einrichtet, aber immer wieder durch neue Laveströme vernichtet oder zumindest gestört wird. Wenn diese Lavastrombereiche wiederbesiedelt werden, muß ein gesamtes Ökosystem umziehen, nicht nur eine einzelne Art. Also muß dies ein außergewöhnlich bewegliches Ökosystem sein. Es muß sich quasi leicht fortbewegen können.

TERENCE: Eine interessante Vorstellung.

RALPH: Laßt mich noch einmal auf dieses Problem des morphogenetischen Feldes eines gesamten Ökosystems zurückkommen. Mir läßt der Schöpfungsmythos keine Ruhe, und ich möchte euch dazu ein paar Fragen stellen.

In dem von euch beschriebenen Schöpfungsmythos des Ökosystems von Hawaii gibt es doch diese Inseln, die wieder verschwunden sind und von denen aus die Ökosysteme einst nach Kauai gesprungen sind und dann auf die anderen Inseln. Aber soviel ich weiß, treiben diese Inseln über diesen mehr oder weniger stationären Hot Spot hinweg weiter. Und jene frühen Inseln befanden sich genau hier, wo wir gerade zusammensitzen, ebenfalls sehr weit entfernt von jeder kontinentalen Landmasse. War also der erste Tag der Biologie auf der hawaiischen Inselkette wirklich das Ergebnis einer über eine große Entfernung erfolgenden Verbreitung des Lebens?

TERENCE: Ja.

RALPH: Und nichts geschah, bis die richtige Flechte nach Millionen von Jahren hierherkam?

TERENCE: Nun, ich vermute, die Sporen von Flechten können sich in Luftproben über jedem Punkt auf dem Planeten befinden.

RUPERT: Sporen von Flechten waren also die ersten Kolonisatoren.

TERENCE: Ja, und als nächstes kamen die Farne, die sich ja ebenfalls durch Sporen fortpflanzen. Wenn man es recht bedenkt, haben die nichtblühenden Pflanzen den Planeten deshalb erobert, weil er wie Hawaii war. Er bestand aus frischer Lava, er war bedeckt mit Lavaströmen, und nur Flechten und Farne konnten Fuß fassen. Wir halten doch Farne meist für zarte, ziemlich empfindliche Pflanzen. Dabei sind es die zähesten Pflanzen, die es gibt. Im Biologiestudium erfahren wir, daß das *Psilotum* mit den Ahnen der Farne verwandt ist. Der Wald hier ist voller *Psilotum*-Pflanzen, ich kann sie euch zeigen. Sie sind enorm robust.

RALPH: Aber wie kamen sie hierher? Wurden die Sporen von Vögeln mitgebracht?

TERENCE: Klar. Im Schmutz an den Füßen von Vögeln können sich Millionen von Sporen befinden.

RUPERT: Das ist die sogenannte Entenfußtheorie. Sie bezieht sich aber eher auf den Transport von Samen als von Sporen, die so winzig und so leicht sind, daß sie auch über weite Entfernungen durch die Luft transportiert werden können.

RALPH: Nun, ich denke, da gibt es ein gewisses Startproblem. Ich kann mir nicht vorstellen, daß die Häufigkeit fliegender Enten ausreicht, um die Ankunft einer bestimmten Spezies genau zur richtigen Zeit zu erklären. Ich meine, da müßten die Enten ja buchstäblich ganze Lastwagenladungen von unterschiedlichen genetischen Materialien täglich über einer nagelneuen Insel fallen lassen, damit überhaupt die Chance besteht, daß dort die Evolution beginnt.

TERENCE: Nein, Untersuchungen beringter Vögel haben gezeigt, daß sie eine Menge Material herumtragen, und eine Million Jahre sind eine lange Zeit, in der eine Reihe von unwahrscheinlichen Dingen passieren können.

RUPERT: Okay, laßt uns die Entenfußhypothese einmal akzeptieren, insbesondere im Hinblick auf Zugvögel. Vögel ziehen von Ort zu Ort über große Entfernungen, auch viele Arten auf Hawaii, wo Vögel von verschiedenen Kontinenten zugewandert sind. Aber was ist die Ursache, was ist Wirkung? Niemand kennt die evolutionäre Grundlage für die Migration.

TERENCE: Ich glaube nicht, daß es hier um das Verhalten von Zugvögeln geht. Ich meine, bei diesem Prozeß handelt es sich in erster Linie um ungewöhnliche Ereignisse, um Katastrophen.

RALPH: Um Vögel, die durch Stürme von ihrem Kurs abgekommen sind?

TERENCE: Genau. Das kommt ja wirklich vor. Die Folgen eines einzigen schweren Sturms, der sie vom Kurs abbringt, kann womöglich die Wirkung einer normalen Artenverbreitung von hundert Jahren haben.

RUPERT: Aber es gibt viel mehr Zugvögel, die ihre Route selbst bestimmen, als vom Winde verwehte Vögel. Und die Migrationsmuster gewisser Zugvögel ändern sich. So sind beispielsweise in Europa im Laufe von ein paar Jahrzehnten neue Vogelzuglinien entstanden, wie im Fall der Mönchsgrasmücke. Vögel dieser Art, die in Deutschland und Österreich nisten, ziehen traditionellerweise im Winter in den südwestlichen Mittelmeerraum. Aber während der letzten dreißig Jahre ist ein immer größer werdender Prozentsatz statt dessen gen Norden, nach England gezogen, wo sie reichlich Nahrung an Gartenfutterplätzen finden.

Im übrigen, wie haben Zugvogelarten denn zunächst herausgefunden, daß es Hawaii überhaupt gibt? Statt daß Einzelexemplare durch Zufall hierher verweht werden oder ganze Scharen von ihnen wie Lemminge von der kalifornischen Küste aus in der Hoffnung starten, eine 4000 Kilometer entfernte Insel zu finden, *wissen* sie vielleicht auf irgendeine Weise, daß es dort draußen Inseln gibt, wohin sie fliegen können. Vielleicht geschieht dies aufgrund einer Art von kollektiver Landkarte, die sie gemeinsam mit anderen Zugvögeln in sich tragen. Einige Zugvogelarten, die bereits von Hawaii wissen, könnten andere dazu bringen, in dieser Richtung loszufliegen und einer Art von präexistenter Flugroute zu folgen, die man sich wie Flugrouten der Passagierflugzeuge vorzustellen hat. Als wir hierher nach Hawaii flogen, konnte man durchs Fenster in etwa dreißig Metern Abstand einen Kondensstreifen erkennen, dem wir exakt zwei Stunden lang folgten – er stammte vermutlich von einer vor uns nach Hawaii fliegenden Maschine.

Unterschiedliche Arten von Zugvögeln nehmen bekanntlich den gleichen Weg. Zum Beispiel halten sich nordwesteuropäische Arten an die Mittelmeerküste von Spanien, bevor sie die Straße von Gibraltar nach Nordafrika überqueren, während nordamerikanische Zugvögel hauptsächlich vier nordsüdliche Flugrouten «kennen». Als einst die Hawaii-Inseln aus dem Ozean auftauchten, wurden sie vielleicht von Langstreckenzugvögeln wie Albatrossen und anderen großen Seevögeln bemerkt, die dann hierherzukommen begannen. Irgendwie gelangte dies in eine allgemeine Vogelnavigationskarte, und andere Arten machten sich auf den Weg nach Hawaii. Das Auftauchen von neuem Land zog von jeher Vogelschwärme an. Das sprach sich herum, und immer mehr Arten begannen hierherzukommen, und sei es auch nur, um sich auf dem Weg über den Pazifik auszuruhen. So betrachtet wäre die Entenfußhypothese doch sehr plausibel.

RALPH: Eine neue Insel ist im Pazifik aufgetaucht – gebt den Albatrossen Bescheid, und die Vögel erledigen ihre Aufgabe wie eine Art Güterzug, schaffen soviel genetisches Material so schnell wie möglich herbei und lassen es auf der neuen Insel fallen.

Rupert: Hört sich an wie ein Abenteuer von Doktor Doolittle. Aber nach der Frage, wie Zugvögel Hawaii fanden, erhebt sich die weitere Frage, wie die ersten Polynesier es fanden. Eine Möglichkeit besteht darin, daß sie die Zugvögel beobachteten und bemerkten, daß manche Vögel von ihren Insel in eine bestimmte Richtung abflogen und Monate später wieder zurückkehrten. Dann wäre es doch eine ziemlich einfache Schlußfolgerung, daß du früher oder später Land erreichen würdest, wenn du den Zugvögeln folgtest.

Terence: Stimmt.

Ralph: Aber den Vögeln zu folgen ist kein geringeres Geheimnis als die Fähigkeit der Zugvögel selbst. Also konnten die Menschen entweder den Vögeln folgen, die mit irgendwelchen unbekannten geheimnisvollen Mitteln navigieren, oder die Menschen könnten den Zugang zu ähnlich geheimnisvollen Mitteln selbst gehabt haben, und wenn eine neue Insel auftauchte, dann wurde diese Information irgendwie in ihr eigenes Migrationsmuster auf ihren Kanufahrten von einer Insel zur anderen eingegeben.

Rupert: Was die Wanderung der Menschen angeht: Diese Inseln stellen heute die Grenze der nach Westen gerichteten Wanderung der Europäer dar, die Nordamerika durchquerten, die Eingeborenen unterwarfen und ihre Kultur auszulöschen versuchten. Dieser Prozeß hat sich hierher verlagert. Wir erleben das vor unseren eigenen Augen, und in evolutionärer Hinsicht ist dies das Gegenteil von allem, worüber wir bislang gesprochen haben. Heute sind die Inseln nicht mehr von den Fernsehsendern und anderen zivilisatorischen Kräften aus Amerika abzukoppeln.

Terence: Ich glaube, einer der schrecklichsten Trends in unserer gegenwärtigen Kultur ist der Wunsch, überall Einkaufspassagen zu bauen. Es gibt eine Mentalität, die am liebsten den gesamten Planeten in die Ankunftshalle eines internationalen Flughafens verwandeln möchte. So stellt man sich heute offenbar Utopia vor.

RALPH: Hier scheint es so etwas wie einen doppelten Gradienten zu geben, wobei die nach Osten gerichtete Wanderung der Asiaten die nach Westen zielende Wanderung der Europäer ausgleicht, und dies ist dann die Schnittstelle, an der der doppelte Gradient eine Zunahme an Neuheiten und neuen Mutationen hervorbringen kann – und vielleicht könnte die menschliche Entwicklung hier einen Sprung nach vorn tun.

TERENCE: Ich meine, es bildet sich eine Art stehende Welle, wenn sich die Kräfte sowohl nach Osten wie nach Westen bewegen.

RUPERT: Können wir also auf irgendeine menschliche Kreativität auf Hawaii verweisen, die das kulturelle Äquivalent des Malaiischen Archipels darstellt? Oder ist dies eher wie eine Pattsituation, in der etwa die Hälfte der Inselbevölkerung aus dem Osten und die andere Hälfte aus dem Westen kommt, während die eingeborenen Hawaiianer dazwischen gefangen sind?

TERENCE: Nun, es gibt da eine Hypothese, derzufolge sich eine Kultur der Pazifikanrainer entwickelt, deren Zentrum Hawaii ist. Es ist gleich weit von Sydney, Lima, Tokio und Vancouver entfernt.

RUPERT: Machen sie da vielleicht schon mit dem Slogan «Hawaii, der Nabel des Pazifik» Reklame?

TERENCE: Wenn nicht, dann wird es bestimmt nicht mehr lange dauern. Immerhin ist hier schon ein Zentrum der Weltwissenschaft entstanden, zumindest in der Astronomie – ich glaube, die drei größten Teleskope der Welt befinden sich hier, und 200 Meter vom größten entfernt wird gerade sein Zwilling errichtet.

RUPERT: Dann ist dies ja ein Zentrum, das die Menschenwelt mit den Sternen verbindet.

TERENCE: Wir halten Ausschau von der Spitze Hawaiis, die paradoxerweise als dunkelster Ort auf Erden ausgewählt wurde.

RALPH: Von hier aus sieht man dann die nächste Welle von Entenfüßen für die Biosphäre II ankommen.

4 *Brieftauben-Experimente*

RUPERT: In meinem Buch *Sieben Experimente, die die Welt verändern könnten*, beschäftige ich mich mit Forschungsgebieten, die von der Schulwissenschaft vernachlässigt wurden, weil sie nicht in ihr gegenwärtiges Weltbild passen. Wie wir im ersten Kapitel bereits erörtert haben, kann diese Forschung mit einem sehr geringen Etat betrieben werden.

Das Experiment mit Brieftauben ist eines der teuersten der in diesem Buch beschriebenen, aber auch das muß nicht mehr als etwa 600 Dollar kosten. Ungeachtet einer über hundertjährigen Forschung haben wir noch immer keine Erklärung dafür, wie Brieftauben wieder heimfinden. Man kann eine Brieftaube morgens 800 Kilometer von ihrem Schlag entfernt fliegen lassen, und sie wird noch am selben Abend zu Hause sein, vorausgesetzt, sie ist eine gute Wettflugtaube. Die Vögel werden aus ihren Schlägen in Körbe getan und per Zug oder Lkw weggebracht. Dann werden die Körbe geöffnet, die Tauben kreisen einmal herum und fliegen dann heim. Es ist ein ausgesprochener Wettkampfsport. Taubensportler gewinnen Pokale und Geldpreise, und gute Wettflugtauben kosten bis zu 5 000 Dollar.

Das Heimfindevermögen von Tauben ist ein Phänomen, das jeder als real akzeptiert. Darüber hinaus können aber auch viele andere Vogelarten heimfinden, genauso Hunde und Katzen, ja sogar Kühe. Aber niemand weiß, wie sie das machen. Charles Darwin hat als einer der ersten darüber eine Theorie aufgestellt. Er behauptete, sie würden sich an alle Biegungen und Wendungen ihrer Reise erinnern. Diese Theorie wurde überprüft, indem man Tauben in rotierende Trommel gesteckt und sie in versiegelten Fahrzeugen über verschlungene Routen bis zu dem Punkt gefahren hat, wo man sie freiließ. Sie flogen direkt heim. Sie schafften das sogar, wenn man sie während der Dauer der Reise betäubt hatte. Die Vögel fanden auch dann noch heim. Also haben diese Experimente Darwins Theorie widerlegt.

Nach einer anderen Theorie folgen sie ihrem Geruchssinn. Dies ist an sich nicht sehr plausibel, da beispielsweise Tauben, die in Spanien freigelassen werden, zu ihrem Schlag in England heimfliegen können, auch wenn sie die ganze Strecke mit dem Wind fliegen. Es ist unmöglich, daß die Gerüche von ihrem Schlag in England gegen den Wind nach Spanien geweht werden können, doch die Vögel gelangen heim. Man hat den Tauben die Nasenlöcher mit Wachs verstopft; trotzdem haben sie heimgefunden. Man hat den armen Vögeln den Riechnerv durchtrennt – sie sind dennoch heimgekehrt. Man hat ihnen die Nasenschleimhaut mit Xylocain oder anderen Mitteln lokalanästhesiert – und sie sind unbeirrt heimgekehrt. Also läßt sich ihr Heimfindevermögen nicht mit dem Geruchssinn erklären.

Die nächste Theorie bezieht die Sonne mit ein: Irgendwie würden die Tauben die Länge und Breite nach dem Sonnenstand errechnen. Damit ihnen dies gelänge, müßten sie eine ganz genau gehende innere Uhr benötigen. Nun, Tauben können an Tagen mit dicker Wolkendecke ebensogut wie an sonnigen heimfinden, und man kann sie auch auf Nachtflüge abrichten. Sie müssen weder die Sonne sehen noch die Sterne. Falls sie die Sonne sehen können, dann benutzen sie sie als eine Art groben Kompaß, aber für ihr Heimfindevermögen ist das nicht erforderlich. Man kann ihr Zeitgefühl irritieren, indem man frühmorgens Licht anschaltet und ihren Schlag vor Sonnenuntergang abdeckt. So kann man ihren Zeitsinn um sechs Stunden verschieben. Wenn man diese Vögel nun von ihrem Schlag wegbringt und sie an einem sonnigen Tag freiläßt, weichen sei beim Start etwa um neunzig Grad von ihrer Heimflugrichtung ab, weil sie die Sonne als Kompaß benutzen. Nach ein paar Kilometern merken sie jedoch, daß sie in die falsche Richtung fliegen. Sie ändern ihren Kurs und finden heim.

Dann gibt es noch die Landmarkentheorie. An sich können sie mit solchen Landmarken ja nichts anfangen, denn wenn man die Vögel Hunderte von Kilometern von ihrem Ausgangspunkt freiläßt, kann man ihr Heimfindevermögen unmöglich durch Landmarken erklären, auch wenn sie zweifellos Landmarken hinzuziehen, sobald sie sich in der Nähe ihres Schlag, also über vertrautem Gebiet, befinden. Jedenfalls wurde diese Theorie dadurch widerlegt, daß man die Tauben mit Kontaktlinsen aus undurchsichtigem Glas versah, so daß sie nicht weiter als einen Meter sehen konnten. Tauben mit Milchglas-Kontaktlinsen können nicht normal fliegen, und tatsächlich weigern sich viele, überhaupt zu fliegen. Und diejenigen Tiere, die fliegen, stellen sich dabei sehr ungeschickt an. Gleichwohl kann man sie bis zu 150 Kilometer oder noch weiter weg von ihrem Schlag freilassen, und wenn auch manche der unsicheren Flieger Greifvögeln zum Opfer fallen, werden einige bis auf ein paar hundert Meter in die Nähe ihres Schlags zurückfinden. Sie prallen gegen Bäume oder Überlandleitungen oder taumeln zu Boden – ein Zeichen dafür, daß sie den Schlag sehen müssen, um darauf landen zu können. Aber erstaunlicherweise kommen sie genau so nahe an ihn heran, wenn sie blind sind. Manchmal fliegen sie über den Schlag hinweg, doch nach ein paar Kilometern merken sie, daß sie zu weit geflogen sind, sie drehen um und kehren zu ihrem Schlag zurück.

Nun bleibt nur noch die Magnettheorie übrig. Bis zu den siebziger Jahren zogen die meisten Wissenschaftler diese Möglichkeit nur sehr widerstrebend in Erwägung, weil sich Magnetismus zu sehr nach «Tiermagnetismus», Mesmerismus und einer ganzen Reihe von parawissenschaftlichen Phänomenen anhörte, mit denen sie nichts zu tun haben wollten. Es kam ihnen auch unwahrscheinlich vor, daß Tauben ein so schwaches magnetisches Feld wie das der Erde zur Navigation nutzen könnten. Allerdings wurde nachgewiesen, daß einige Zugvögel tatsächlich das Magnetfeld der Erde wahrnehmen können – sie haben dafür offenbar eine Art Kompaß. Dennoch kann ein Kompaßsinn allein prinzipiell nicht das Heimfindevermögen erklären. Wenn ihr einen Magnetnadelkompaß in eurer Tasche hättet, und ihr würdet mit einem Fallschirm an einem fremden Ort abgesetzt, würdet ihr zwar wissen, wo Norden und Süden sind, aber ihr würdet nicht wissen, wo ihr zu Hause seid. Ihr würdet außer einem Kompaß auch eine Landkarte brauchen, und ihr müßtet wissen, an welchem Punkt auf der Karte ihr seid.

Doch vielleicht verfügen die Tauben ja über einen außerordentlich empfindlichen Magnetsinn, mit dem sie den Ausschlag der Kompaßnadel messen können. Eine Kompaßnadel zeigt am Nordpol direkt nach unten und ist am Äquator horizontal. Der Neigungswinkel hängt von der geographischen Breite ab. Wenn Tauben also nicht nur einen Kompaß haben, sondern auch den Neigungswinkel der Nadel messen können, dann sind sie vielleicht in der Lage, ihre geographische Breite zu errechnen. Damit könnten sie, theoretisch gesehen, möglicherweise wissen, wie weit nördlich oder südlich sie von ihrem Schlag entfernt sind. Aber wenn man sie direkt nach Osten oder Westen schafft, dann ist der Winkel des Feldes exakt der gleiche wie am Schlag – und die Tauben finden ja gleich gut heim von allen Punkten der Windrose.

Ungeachtet dieser theoretischen Probleme wird die Magnettheorie von vielen Wissenschaftlern ernst genommen, nicht weil sie besonders überzeugend ist, sondern weil sie meinen, daß es doch irgendeine mechanistische Erklärung geben müsse. Gleichwohl ist diese Theorie ebenfalls experimentell widerlegt worden. Um den Magnetsinn zu stören, hat man Tauben auf zweierlei Weise präpariert. Zunächst einmal hat man ihnen an den Flügeln oder am Kopf Magnete befestigt, um irgendeinen möglicherweise vorhandenen Magnetsinn auszuschalten. Zweitens hat man sie entmagnetisiert, indem man sie extrem starken Magnetfeldern ausgesetzt hat, die irgendwelche magnetisch empfindlichen Teile in ihnen gestört haben. Dennoch finden diese entmagnetisierten Tauben wie die Tauben mit den umgeschnallten Magneten problemlos heim. Die ersten Experimente dieser Art in den späten siebziger Jahren schienen zwar zu beweisen, daß Magnete ihr Heimfindungsvermögen an bewölkten Tagen beeinträchtigen könnten. Allerdings ließen sich diese Ereignisse nicht wiederholt erzielen, und inzwischen haben viele Experimente gezeigt, daß Tauben, deren möglicher Magnetsinn gestört worden ist, selbst an bewölkten Tagen heimfinden.

Dies ist der aktuelle Stand der Spekulationen. Jede Hypothese wurde überprüft und dabei widerlegt. Alle haben versagt. Gelegentlich hört man noch von einer weiteren Theorie: «Sie können ihre Heimat über Hunderte von Kilometern hinweg hören, weil sie über ein extrem empfindliches Gehör verfügen.» Das ist schon deshalb Unsinn, weil auch Tauben, die nicht hören können, heimfinden. Alle Theorien haben also versagt. Niemand hat eine Ahnung, wie die Tauben das anstellen, auch wenn einige Leute ihre Unkenntnis dadurch zu kaschieren versuchen, daß sie vage von «subtilen Kombinationen sensorischer Modalitäten» sprechen, ohne erklären zu können, wie man sich das vorstellen soll.

Das Heimfindevermögen von Tauben ist gewissermaßen die Spitze eines Eisbergs. Es gibt viele noch nicht erklärte Phänomene, die etwas mit dem Wander- und Heimfindeverhalten von Tieren zu tun haben, etwa die Wanderung von Kuckucken, Monarchfaltern, Lachsen. Auch Menschen können einen ungewöhnlich guten Orientierungssinn haben. Am besten ist er vielleicht bei Nomadenvölkern wie den australischen Aborigines, den südafrikanischen Buschmännern und den polynesischen Seefahrern entwickelt und am schlechtesten bei modernen Stadtmenschen. Kurz, Tauben verfügen offenbar wie viele andere Tierarten über ein Navigationsvermögen, das sich mit den bekannten Sinnen und physikalischen Kräften nicht erklären läßt.

Das Experiment, das ich vorschlage, ist ganz einfach, und ich will es euch kurz darlegen. Alles spricht dafür, daß es einen unbekannten Sinn, eine unbekannte Kraft oder Energie gibt, wodurch die Tauben mit ihrem Schlag verbunden sind. Ich stelle mir das wie eine Art unsichtbares Gummiband vor, das gedehnt wird, wenn die Tauben von ihrem Schlag weggebracht werden, und das sie wieder zurückzieht. Ich möchte im Augenblick die theoretische Erörterung der möglichen physikalischen Basis dieses Phänomens außer acht lassen, ob sie also der existierenden Physik zuzuordnen ist, eine Ausweitung der nichtlokalen Quantenphysik darstellt oder ein ganz neues Gebiet voraussetzt. Diese Frage soll hier offenbleiben.

Wenn ich dieses einfache Modell einer unsichtbaren Verbindung zugrunde lege, dann geht das Experiment, das ich vorschlage, genau umgekehrt vor wie die bisherigen. Bei den üblichen Experimenten müssen die Tauben ja von zu Hause weggebracht und dabei beobachtet werden, wie sie zurückkehren. Bei meinem Experiment dagegen muß den Tauben ihr Zuhause weggenommen werden, was mit Hilfe eines mobilen Taubenschlags geschieht, der auf einen Autoanhänger montiert worden ist. Ich habe dieses Experiment tatsächlich schon durchgeführt, und zwar zuerst in Irland und ein zweites Mal im Osten von England. Bislang bin ich über die erste Dressurphase nicht hinausgelangt. Allerdings habe ich herausgefunden, daß es möglich ist, Tauben darauf zu dressieren, zu einem mobilen Schlag zurückzufinden. Sie erwarten zwar genausowenig wie wir, daß sich ihr Heim bewegt, und wenn man sie beim erstenmal herausnimmt, verrückt man ihr Heim nur um etwa hundert Meter. Wenn man sie nun freiläßt, können sie ganz genau erkennen, daß es nicht mehr dort ist, wo es zuvor war. Stundenlang fliegen sie um die Stelle herum, wo es zuvor war, bis sie sich in den an seiner neuen Position befindlichen Schlag begeben. Genauso würden auch wir uns verhalten, wenn wir nach Hause gingen und unser Haus hundert Meter weiter in unserer Straße entdecken würden. Die meisten von uns würden nicht einfach hineingehen, als wäre nichts geschehen – wir würden vermutlich die Stelle, an der es zuvor war, immer wieder umkreisen und dabei schrecklich verwirrt dreinschauen. Und genauso machen es die Tauben. Wenn man mit diesem Experiment fortfährt, gewöhnen sie sich nach drei oder vier Malen einfach daran und merken, daß sie nun Nomaden oder Zigeuner sind. Nach dieser Art von Dressur können sie ihr Heim bis in eine Entfernung von drei bis fünf Kilometern innerhalb von zehn Minuten finden, und begeben sie sich direkt hinein.

Im Ersten Weltkrieg hatte das Brieftaubenkorps der britischen Streitkräfte zweihundert mobile Schläge in umgebauten Londoner Bussen untergebracht. Es gibt noch immer ein westliches Militär, das mit mobilen Taubenschlägen arbeitet, nämlich das Schweizer Bundesheer, und das betreibt einige faszinierende Forschungen. Leider sind einige Ergebnisse militärisches Geheimnis und daher nicht zugänglich.

Um mit meinem Experiment fortzufahren: Nachdem man die Vögel daran gewöhnt hat, daß ihr Haus nicht mehr an einem ein für allemal festen Platz steht, verrückt man den mobilen Schlag um etwa hundert Kilometer von dem Punkt, an dem man sie freiläßt, und zwar gegen den Wind, damit sie den Schlag nicht riechen können. Falls ihn die Tauben beinahe so schnell finden wie ein festes Haus, läge es nahe, daß es eine unsichtbare Verbindung zwischen ihnen und ihrem Schlag gibt. Die nächste Frage wäre dann: Besteht diese Verbindung zum Schlag selbst oder zu den anderen Tauben? Um dies zu überprüfen, läßt man einige von ihren nächsten Anverwandten im Schlag oder schafft sie irgendwo anders hin, um zu sehen, ob sie ihre nächsten Anverwandten ansteuern oder das körperliche Gebilde des Schlags. Wie das Experiment ausgehen wird, weiß ich nicht. Falls eine uns unbekannte Kraft oder ein neuer Sinn dabei eine Rolle spielt – was würde das implizieren? Was könnte uns das sagen? Wohin würde uns das bringen? Über diese Frage möchte ich mit euch diskutieren.

RALPH: Ich möchte von dir noch ein paar Details erfahren. Wenn so ein Taubenwettbewerb stattfindet, und diese Taubenschläge befinden sich ja in verschiedenen Städten, verschiedenen Straßen und so weiter – wie funktioniert das eigentlich? Sitzt dann das Weibchen der teilnehmenden Taube zu Hause, und wenn das Männchen kommt, holt sie das Handy raus und ruft im Hauptquartier an?

RUPERT: Die Wettkampftaube hat einen kleinen Ring am Bein, mit ihrer Nummer und der Nummer des Rennens. Sobald sie den Schlag betritt, fängt der Taubenzüchter den Vogel, nimmt diesen

Ring ab und stempelt darauf mit Hilfe einer vom Taubenzüchterverband ausgegeben versiegelten Stechuhr die Ankunftszeit. Dann reicht er den Ring mit dem Zeitstempel ein, und indem man die direkte Entfernung zum Schlag durch die Differenz zwischen Abflug- und Ankunftszeit teilt, ermittelt man die Durchschnittsgeschwindigkeit.

RALPH: Berücksichtigt man dabei Schwierigkeiten und ungewöhnliche Hindernisse unterwegs?

RUPERT: Nein. Wenn sie von einem Greifvogel erlegt werden, können sie das Rennen nicht gewinnen.

RALPH: Enthält der heimatliche Schlag, zu dem sie zurückfliegen, in jedem Fall Familienmitglieder?

RUPERT: Ja.

RALPH: Im Schlag befindet sich also eine ganze Taubenschar, und nur eine oder zwei davon nehmen am Rennen teil?

RUPERT: Es gibt mehrere Wettkampfsysteme. Die Vögel müssen ein Motiv haben, um schnell heimzufliegen. Im Winter finden sie nicht sehr gut heim. Rennen werden daher normalerweise im Frühjahr oder Sommer abgehalten, wenn sie sich paaren, Eier und Junge haben und damit einen Anreiz, zu ihrer Familie zurückzukehren. Eine weithin praktizierte Methode beruht auf dem Eifersuchtsmotiv: Tatsache ist, daß Tauben monogam sind, das heißt, sie bilden Paare, die mindestens ein Jahr lang zusammenbleiben. Die Taubenzüchter warten so lange, bis ihre Vögel sich gepaart haben, dann nehmen sie den Vogel weg, mit dem sie an einem Wettflug teilnehmen, und bringen ein anderes Männchen mit seinem Weibchen zusammen. Nun wird der Wettkampfvogel weggebracht, und sobald er freigelassen wird, fliegt er schleunigst heim.

RALPH: Je stärker die Motivation, desto straffer das morphogenetische Gummiband.

RUPERT: So kann man sagen.

RALPH: Nachdem ihr die Gummibandtheorie geschluckt habt, möchte ich dazu einige Spekulationen riskieren. Zunächst einmal: Nachdem wir die Prämisse akzeptieren, daß gewöhnliche Felder für eine Erklärung nicht ausreichen, wollen wir annehmen, daß es sich um eine Art übersinnliche Wahrnehmung handelt. Ich denke dabei an Fledermäuse, die man in einem Raum wie etwa diesen untersucht, in dem man Drähte gespannt hat. Tagsüber wird die Fledermaus herumfliegen und den Drähten und der Wand ausweichen, in erster Linie mit Hilfe ihres Gesichtssinns vermutlich. Nachts tun sie das gleiche, ohne den Gesichtssinn, sondern mit Hilfe von Ultraschall. Im Hinblick auf die Feldermäuse nehmen wir nun an, daß das Gehirn und der Geist in der Lage sind, die Ergebnisse der Sonarexperimente in Bilder umzusetzen, etwa in die gleiche Art von Bildern, die die Augen erzeugen. Mit anderen Worten: Statt den Schall nur zu hören und zu berechnen, woher das Echo kommt, sieht die Fledermaus den Raum tatsächlich mit ihren Ohren, in der gleichen Darstellungsform wie die optische Darstellung. Wenn man dann plötzlich Licht anmacht, fällt die Fledermaus unverzüglich zu Boden, weil sie Probleme hat, von System A auf System B umzuschalten. Die visuelle Darstellung des Raums würde das Sonarbild exakt überlagern. In ähnlicher Weise haben Delphine dieses große melonenförmige Sinnesorgan, das Sonarwellen empfängt. Bei Fledermäusen und Delphinen ist die visuelle-sonare Darstellung viel stärker dreidimensional als bei uns. In gewisser Weise würde ihnen das eine Art von höherem Intelligenzquotienten verleihen. Delphine und Wale, die ebenfalls ein Sonar verwenden, empfinden vielleicht den ganzen Planeten als ein dreidimensionales Objekt, mit seiner Krümmung und so weiter.

Falls es einen sechsten Sinn gäbe, den Brieftauben und Monarchfalter und vielleicht auch wir Menschen bis zu einem gewissen

Grade haben, dann würde es wohl auf diese Weise funktionieren. Aber zurück zu unseren Tauben. Nachdem man sie hin und her gedreht, betäubt, über Hunderte von Kilometern transportiert und dann freigelassen hat, würden sie mit diesem sechsten Sinn eine sehr detaillierte dreidimensionale Straßenkarte des gesamten Planeten zu Rate ziehen, das holographische dreidimensionale Bild an der sichtbaren Welt orientieren, die Dinge so drehen, daß sie deckungsgleich sind, und dann nach der Karte losfliegen. Dinge wie Gerüche, die Sonne, das Magnetfeld sind Faktoren, die auf der Karte als eine Art von Marken fungieren. Das erklärt aber noch immer nicht, wie die Tauben heimfinden. Sie müßten nämlich wissen, wo sich ihr Heim auf der Karte befindet. Selbst wenn es einen sechsten Sinn gäbe, der eine vollständige Straßenkarte der Welt als dreidimensionales Objekt projiziert und dazu Gerüche, Bäume, Magnetfelder, die Sonne, die Himmelskonstellationen, muß es eine Art Leuchtturm geben, der anzeigt, wo sich vermutlich das Heim befindet. Selbst in dieser Theorie vom sechsten Sinn bleibt dies eine Unbekannte, ein Geheimnis. Der Zug von einer Art morphogenetischem Gummiband wäre eine mögliche Lösung – doch sobald ein Hindernis zwischen Taube und Schlag tritt, müßte es irgendeine Möglichkeit geben, darum herumzukommen.

Ich meine, die Gummibandtheorie ist zu einfach. Wenn wir einmal die Eifersucht der Taube in Betracht ziehen: Je weiter das Gummiband auseinandergezogen wird, desto straffer wird es, und das ist genau das Gegenteil der meisten Felder, die wir kennen. Da wird der Zug um so schwächer, je weiter man sich vom Ausgangspunkt entfernt. Ich denke, statt mit einem Gummiband haben wir es eher mit einer Art Leuchtturm zu tun, der ein Bestandteil dieses ganzen Feldes ist. Dann lautet die Frage: Wie sind die physikalischen Informationen über einen Standort, insbesondere über einen vor kurzem veränderten Standort, in dieses Feld eingefügt? Das wäre dann der letzte Mosaikstein in diesem Geheimnis.

TERENCE: Mir scheint, daß es bei diesem Problem nicht um die Taube geht, sondern um den Experimentator. Wir wissen dank der

Quantenmechanik, daß die Dinge nicht einfach in Raum und Zeit lokalisiert sind. Diesen Irrtum hat Alfred North Whitehead den Trugschluß der unangebrachten Konkretisierung genannt (siehe dazu auch S. 164ff.). Ich habe immer den Eindruck gehabt, daß die Biologie eine chemische Strategie zur Verstärkung der quantenmechanischen Unbestimmtheit in jenen markophysikalischen Systemen ist, die man lebende Organismen nennt. Lebende Organismen üben irgendwie ihren Zauber aus, indem sie eine Tür zum Reich der Quanten öffnen, durch die die Unbestimmtheit kommen kann. Ich stelle mir vor, daß die gesamte Natur so funktioniert, wobei der Mensch die einzige Ausnahme bildet, weil er durch die Sprache vergiftet ist. Die Sprache hat uns die starke Illusion einer unbekannten Zukunft eingeimpft. Tatsächlich ist jedoch die Zukunft nicht verschlossen, falls man sich selbst von der Annahme einer räumlichen Konkretheit freimachen kann.

Die Antwort auf die Frage, wie die Taube heimfindet, lautet, daß ein Teil des Geistes der Taube bereits daheim ist, das heißt dort geblieben ist, den Schlag nie verlassen hat. Wir staunen darüber, weil wir annehmen, daß Tauben, Monarchfalter und so weiter einfachere Systeme wären als wir selbst, die wir doch mit unserer Annahme, die Zukunft sei unbekannt, ein Problem schaffen, wo es im Grunde gar kein Problem gibt. Es liegt nur an der Sprache, vielleicht sogar nur an bestimmten Sprachen, daß dies zu einem Problem wird.

Um es einfacher zu sagen: Wenn du das Bewußtsein einer Taube hättest, dann hättest du nicht die verkürzte Version eines menschlichen Bewußtseins, sondern ein Bewußtsein, das wir uns kaum vorstellen können. Das Bewußtsein der Taube ist eine kontinuierliche Bewußtheit, die von der Geburt bis zum Tod reicht, und der bestimmte Augenblick, in dem ein Mensch mit einer Taube experimentiert, unterscheidet sich für die Taube nicht deutlich von all den anderen Augenblicken in ihrem Leben. Das Problem liegt in der Art der Fragestellung und in der Art und Weise, wie Menschen die Daten interpretieren, die sie vor sich haben. Schließlich ist in der Tierwelt die Zukunft stets so ziemlich genauso wie die Vergangenheit, weil das Neue im allgemeinen als unpassend oder störend unterdrückt oder ingnoriert wird. Die meisten Dinge, die geschehen, sind schon einmal geschehen und werden wieder geschehen. Ich würde mir wünschen, daß das, was wir zu sehen bekommen, wenn wir dieser Art von Grenzphänomenen in der Biologie begegnen, ein ganzes Set von Phänomenen wäre, welches – richtig interpretiert – die Idee einer quantenmechanischen Biologie aus dem Bereich von Ladungstransfer, intrazellulärer und subzellulärer Aktivität herausholen und auf das Gebiet des ganzen Organismus übertragen würde. Ich weiß nicht, ob das die Lösung wäre, aber es würde doch dafür sorgen, daß das Problem verschwindet.

RALPH: Willst du damit sagen, daß die gesamte Lebensgeschichte der Taube schon am Anfang mehr oder weniger festgelegt ist, und damit auch die Fahrt vom Schlag weg sowie der Rückflug?

TERENCE: Sie hat sich doch nirgendwo hinbegeben. Nur wenn du über all das ein von der Sprache aufgenötiges dreidimensionales Raster legst, scheint es da ein Problem zu geben. Mit anderen Worten: Das hat etwas mit einer Art von Ganzheit zu tun, aber wir zerlegen und verleugnen sie, und dann stehen wir vor einem Dilemma.

Aber die eigentliche Frage, die ich aufwerfen möchte, lautet: In welchem Maße setzt die Sprache die Annahme einer unbekannten Zukunft in die Welt? In welchem Maße unterdrückt sie einen Sinn für die Zukunft, den ich mir in Abwesenheit von Sprache als sehr hoch entwickelt vorstelle?

RUPERT: Ich habe Mühe, dir zu folgen. Meinst du, wenn eine Taube freigelassen wird, dann ist ein Teil ihres Geistes noch immer zu Hause, wo sie auch in Zukunft wieder sein würde, und dies hilft ihr in gewissem Sinne dabei, zum Schlag zurückzukehren?

TERENCE: Wir beide haben uns darüber schon früher unterhalten. Du hast immer gemeint, daß die morphogenetischen Felder antreiben, von hinten schieben.

RUPERT: Nein, ich habe immer gesagt, daß sie von vorn ziehen.

TERENCE: Dann sind sie Attraktoren. Das meine ich zum Teil damit, und zum Teil besagt dies, daß das Bewußtsein des Organismus in der Zeit auf eine Weise verteilt ist, die es ihm ermöglicht, aus unserer Sicht Wunder zu wirken. Aus seiner eigenen Sicht passiert da indessen ganz und gar nichts Ungewöhnliches.

RALPH: Du wärst wohl überhaupt nicht überrascht, wenn der Wettkampf doch tatsächlich von einer cleveren Taube gewonnen würde, die zum Zeitpunkt des Freilassens praktisch verschwand und gleichzeitig wieder im Schlag auftauchte.

TERENCE: Du siehst das als eine Art virtuellen Tunneleffekt, als einen verstärkten quantenmechanischen Effekt. Vielleicht ist das die Lösung für das Geheimnis der Spontanzündung. Wir brüsten uns doch immer mit der Idee, daß die Quantenmechanik für das Leben sehr wichtig sei. Nun, die mechanische Seite der Dinge auf einer quantenphysikalischen Ebene läßt doch vermuten: Wenn das Leben eine Anwendung dieser Prozesse ist, dann ist unser offenkundiges Gefangensein im dreidimensionalen Raum mit einer unbekannten zeitlichen Dimension fast, wie du sagen würdest, habituell und nicht immament. Das erscheint mir doch sehr einleuchtend.

RALPH: Mir gefällt deine Idee. Wenn sich das Bewußtsein über eine gewisse Zeitspanne erstreckte, selbst nur über ein paar Tage, würde dies eine Menge Dinge in der Taubenwelt erklären. Ich meine noch immer, daß es wichtig ist zu wissen, ob die Zukunft total determiniert ist oder ob das Bewußtsein der Zukunft mehrere Alternativen einschließt. Falls es mehrere Alternativen gibt, steht die Taube früher oder später vor einer Weggabelung und muß sich entscheiden, welchen Weg sie nimmt. Ich glaube, uns fehlt hier noch eine Art Mechanismus, damit die Taube dem gespannten Gummiband ihres eigenen Bewußtseins, das eine ausgedehnte Region von Raum und Zeit einnimmt, folgen kann, so daß ihr gewöhnlicher physikalischer Körper am Ende wieder dort ist, wo ihr Bewußtsein endet. Wie macht sie das also?

TERENCE: Eine gewisse Analogie dazu liefert ein Film, der rückwärts abläuft. Da entsteht der Eindruck, es ginge drunter und drüber, aber wie durch ein Wunder befindet sich am Ende alles am richtigen Platz. Es ist ja nicht so, daß es für eine Taube wirklich keine Wahlmöglichkeiten gäbe, wenn sie in ihre gesamte Bewußtheit eintritt, die sie je haben wird. Es ist so, wie wenn dir deine Erinnerungen auf dem Sterbebett schon im Augenblick der Geburt kommen. Im Grunde ist das, für die Taube, eine Art Spiel. Sie weiß, was passieren wird, ihr Leben entfaltet sich wie erwartet, aber sie weiß nicht, daß sie das weiß. So selbstverständlich ist der Vorgang. Die Taube kennt den Begriff «vorhersehbar» nicht. Wir als Menschen haben diesen Begriff, und uns allein quält die Angst vor der nicht vorhersehbaren, verschlossenen Zukunft, einem Artefakt aus Kultur und Sprache. Phänomene wie das Heimfinden der Tauben und einige andere dieser Art sind für uns Hinweise, daß die Übertragung unseres Bewußtseins auf die Natur uns vor Verständnisprobleme stellt.

RALPH: Das bedeutet, daß wir das Bewußtsein einer Taube hätten und daher unser ganzes Leben vor uns sehen würden, wenn es da nicht dieses durch die Macht der Sprache bewirkte Unwissen gäbe. So betrachtet würde das Taubenküken, das sich gerade aus der Eischale pickt, wie aus einem Traum erwachen, sich umgucken, und dann dämmert es ihm: «Ach, verdammt, ich muß also in drei Jahren an diesen blöden Wettkämpfen teilnehmen, während so ein Trottel von Nebenbuhler hier mit meinem Weibchen rumschmust.»

TERENCE: Du verwendest die Sprache, um den Geisteszustand der Taube zu beschreiben. Damit bricht ihr vierdimensionaler Vektor in drei Dimensionen zusammen, und sie ist nicht mehr eine Taube, sondern ein Mensch, der wie eine Taube redet.

RALPH: Ist sich die Taube nun ihrer gesamten Geschichte von der Geburt bis zum Tod bewußt oder nicht?

TERENCE: Sie ist sich ihrer bewußt, aber es ist ihr nicht bewußt, daß es eine erzählbare Geschichte ist.

RALPH: Eher eine Erfahrung als ein einziger zeitloser Augenblick.

TERENCE: Wir könnten noch weitergehen und sagen, daß dies unser eigenes, von Neugier bestimmtes Verhältnis gegenüber der Prophetie und der Vorahnung erklärt. Statt wie die Taube ein zu 95 Prozent klares Bild vom vollen Spektrum unserer Existenz zu haben, lassen wir uns auf die Sprache ein und sehen vielleicht fünf Prozent der Zukunft konkret vor uns. Denn wir werden von Messiasgestalten und Prophezeiungen irritiert und haben eine Vorliebe für Astrologie, Computermodelle und all diese modernen Instrumente, die uns eine sehr schwache und vage Karte der Zukunft zeigen, der wir dennoch Glauben schenken und um deren Aussagen wir uns eine Menge Sorgen machen. Ich behaupte, wenn wir uns von der Sprache entfernen würden, dann würden wir in ein Reich der Zeitlosigkeit geraten, in dem die bislang als bedrohlich empfundene Dunkelheit nichts Negatives an sich hat und in dem alle Dinge mit einer Art großer Gleichgültigkeit geschaut werden. Vielleicht ist dies genau das, was Zen-Meister erleben.

Ich möchte diesen Gedanken noch etwas weiter ausspinnen. Aus der vierdimensionalen Welt der Natur und aus der abgeschlossenen Dimension der Zeit geraten wir immer wieder in die begrenzte Welt der Sprache mit ihrer unklaren Vorstellung von Zukunft und daher auch in eine große Angst und stehen vor Rätseln wie diesem: Wie finden die Tauben wieder heim?

RALPH: Das hieße ja, daß wir aufhören sollten, zu reden und Bücher zu schreiben, und bloß noch summen sollten.

TERENCE: Ich habe das immer so empfunden. Etwa wie eine Taube.

RALPH: Willst du damit auf höfliche Weise sagen, daß Ruperts neues Buch und sein Brieftaubenexperiment totale Zeitverschwendung ist, auch wenn letzteres wirklich nur zehn Dollar gekostet hat?

TERENCE: Ich glaube, alle Experimente, wie wir sie gegenwärtig betreiben, sind sinnlos, weil alle – einschließlich der Experimente in Ruperts Buch, wie ich vermute – von der Annahme ausgehen, daß die Zeit gleichförmig wäre, und ich glaube eben nicht, daß die Zeit gleichförmig ist. Ich wollte damit eigentlich nicht zu einem generellen Frontalangriff auf die Erkenntnismethoden der modernen Wissenschaft ansetzen, aber tatsächlich widerspricht die Vorstellung, daß die Zeit gleichförmig verlaufe, ganz und gar unserer persönlichen Erfahrung. Die Wissenschaft macht diese Annahme nur, um ihrem Geschäft nachgehen zu können.

RALPH: Ich glaube, wir haben hier einen akuten Fall von Persönlichkeitsspaltung vor uns, und das will ich gleich beweisen. Du leidest gerade unter Heuschnupfen. Angenommen, Rupert hätte in seinem *Sieben Experimente*-Buch ein achtes Kapitel über ein Experiment mit homöopathischer Medizin geschrieben, aus dem hervorgeht, daß eine Blütenenergie entdeckt wurde, die sofort und ein für allemal vom Heuschnupfen kuriert. Wärst du dann an diesem Ergebnis interessiert?

TERENCE: Sicher, aber aus einem ganz praktischen Grund. Ich meine, wir sollten unsere Ideologien nicht mit unseren Nasennebenhöhlen verwechseln. Schau, ich würde «Wissenschaft» gern neu definieren, und zwar als eine Untersuchung von Phänomenen, die so primitiv ist wie etwa die von Kugellagern, die schiefe Ebenen hinunterrollen. Die Dinge, die uns wirklich interessieren: Liebesverhältnisse, der Untergang von Weltreichen, die Bildung politischer Bewegungen – diese Dinge ereignen sich auf einem anderen Niveau, und für vieles, was in der Welt des Menschen geschieht, gibt es keine Theorie. In der Welt des Menschen drängt sich uns die Gleichförmigkeit der Zeit auf, daher schaffen wir uns Kategorien menschlichen Wissens außerhalb der Zeit, wie die Psychologie, die Werbewirtschaft oder die Politologie, die sich mit der veränderlichen Zeit befassen, wie wir sie erleben. Dann stellen wir die Hypothese einer theoretischen Zeit auf, die gleichförmig ist, und hier betreiben wir alle Wissenschaften, die uns diese der Realität unglaublich entfremdeten Abstraktionen bescheren. Dies geht auf Isaac Newton zurück, der erklärte, Zeit sei «reine Dauer». Er stellte sich die Zeit als eine absolut glatte Oberfläche vor. Beachtet, daß der Versuch von Platon, die Natur anhand von mathematisch vollkommenen Körpern zu beschreiben, von den Menschen schon lange zuvor aufgegeben worden war, weil wir nirgendwo in der Natur mathematisch vollkommenen Formen begegnen. Die einzige mathematisch vollkommene Form, die in der modernen Wissenschaftstheorie erhalten geblieben ist, ist der absolut unbewiesene Glaube, daß die Zeit, ganz gleich, in welchem Maßstab man sie vergrößert, absolut gleichförmig sei. Dabei gibt es überhaupt keinen Grund, dies für wahr zu halten, da alle experimentellen Beweise das Gegenteil bezeugen. Das Problem ist nur, wenn wir jemals zugeben, daß die Zeit ein variables Medium sei, würden tausend Jahre wissenschaftlicher Experimente in einem einzigen Augenblick hinweggefegt werden. Es ist einfach ein Kartenhaus, das man lieber stehenläßt, wie es ist.

RUPERT: Das scheint mir doch ein wenig über das Problem des Heimfindevermögens von Tauben hinauszugehen.

TERENCE: Es hat etwas mit der Problematik von Experimenten an sich zu tun.

RUPERT: Wenn wir das, was du gesagt hast, wieder auf die Ebene der Tauben beziehen, erweist es sich als eine kunstvolle Variante der Gummibandtheorie – «das Gummifiligran» oder so ähnlich. Sagen wir mal, wir würden das Experiment mit dem mobilen Taubenschlag durchführen: Es könnte uns etwas zeigen, das über alles hinausgeht, was die gegenwärtige Wissenschaft erwarten würde. Es würde vielleicht zu deiner All-Zeit-Theorie passen oder sie widerlegen.

TERENCE: Es paßt wirklich dazu.

RUPERT: Gleichwohl hätten wir es hier mit einem Experiment zu tun, so primitiv es auch sein mag, das zeigen würde, daß das existierende wissenschaftliche Modell ganz und gar unangemessen ist. Die Gummibandtheorie hat etwas mit Dehnung und Verkürzung zu tun und in diesem Sinne auch etwas mit Eigenschaften der Zeit, und daher stellen sich wirklich all diese Fragen auch über das Wesen der Zeit.

TERENCE: Hast du denn eine Theorie, wie das funktioniert? Ich kann nicht erkennen, wie uns hier die morphogenetischen Felder weiterhelfen könnten.

RUPERT: Ja. Ich meine, das morphogenetische Feld würde die Taube wie ihren Schlag umfassen. Du kannst sie voneinander trennen, indem du den Schlag verrückst oder die Taube bewegst. So oder so gehören sie einem einzigen System an. Die Welt der Taube umfaßt ihren Schlag, ihr Heim, ihren Gefährten und alles andere. Wenn du sie bewegst, sind sie nun getrennte Teile eines einzigen Systems, die durch ein Feld miteinander verbunden bleiben. Die Taube wird innerhalb dieses Feldes angezogen, zurück zu ihrem Heim, das als ein Attraktor fungiert. Zugegeben: In dieser Hinsicht haben Ralph und ich unterschiedliche Ansichten über Attraktoren. Die Taube wird ins Feld zurückgezogen und benötigt daher keine Straßenkarte von ganz England. Eine Landkarte spielt hier überhaupt keine Rolle. Sie verspürt einfach einen Zug in eine bestimmte Richtung.

RALPH: Es ist wie bei der Engeltheorie: Wenn ich an eine Straßengabelung komme, taucht ein Schutzengel hinter einem Baum auf und sagt mir, welchen Weg ich nehmen soll.

RUPERT: Grob gesagt, ist das so. Du verspürst einfach einen Zug in einer bestimmten Richtung. Du denkst nicht einmal darüber nach. Ich glaube, genauso macht es die Taube, rein subjektiv. Ich glaube nicht, daß sie unbedingt ihre ganze Zukunft vom Ei bis zum Grab erkennen muß. Ich meine, sie verspürt einen Zug zu ihrem Heim hin durch diese Art von unsichtbarem Gummiband, das im Grunde so etwas wie ein Zug innerhalb des Feldes in Richtung auf einen Attraktor hin ist, das heißt auf ihr Heim. Das wäre dann dein mathematisches Modell. Dann bräuchtest du gar nicht das ganze übrige England und keine Straßenkarte mehr. Wenn die Taube jedoch wirklich eine Straßenkarte von ganz England oder Europa brauchen würde, stellt sich die Frage, woher sie sie bekäme. Sie könnte sich ins kollektive Gedächtnis aller anderen Tauben einschalten, die jemals an Wettbewerben teilgenommen haben. Wenn eine Taube Zugang zur kollektiven Taubenpsyche oder zum kollektiven Gedächtnis anderer Arten hätte; wenn alle Vögel sich an das ankoppeln könnten, was alle anderen Vögel sehen könnten, dann hätten sie in der Tat Zugang zu einer globalen Karte der Welt. Ich glaube allerdings, daß dies über das hinausgeht, was wir in diesem ziemlich begrenzten Fall benötigen.

Was das Beispiel der jungen Kuckucke angeht, die im Herbst von England nach Südafrika ziehen, und zwar unabhängig von ihren Eltern, die sie schon einen Monat früher verlassen haben, so müssen sie sich zumindest in eine Art von kollektivem Kuckuckgedächtnis einschalten, in dem auch die Merkmale der Landschaft enthalten sind, die sie überfliegen. Nach der Gummibandtheorie wäre das jedoch nicht erforderlich.

RALPH: Offenbar gibt es aber noch immer ein mathematisches oder kognitives Problem, wenn der Taubenschlag fortbewegt wird. Das dynamische System, das sich im Prinzip über den gesamten

Planeten erstreckt, wo auch immer die Taube freigelassen werden mag, muß das Gefühl empfangen, in welche Richtung sie sich künftig zu begeben hat, um nach Hause zu finden. Damit stellt sich die Frage, wie der Attraktor, also der Taubenschlag, sein Feld und seine Richtungsanweisungen über den ganzen Planeten hin verbreitet. Ich glaube nicht, daß wir hier mit der Idee der morphischen Resonanz operieren können, weil ja zu diesem mobilen Schlag keine andere Taube fliegt.

RUPERT: Ich spreche nicht von morphischer Resonanz, sondern vom Feld selbst. Morphische Resonanz ist ein Gedächtnis. Stell dir ein Häufchen Eisenfeilspäne und einen Magneten vor. Die Späne werden vom Magneten angezogen, und du erblickst die Kraftlinien zwischen ihnen. Wenn du den Magneten bewegst, nimmst du sofort eine Reaktion der Späne bzw. der Kraftlinien wahr.

RALPH: Der Taubenschlag fungiert demnach als ein Magnet in einem Feld, das kein elektromagnetisches Feld ist – eher eine Art von emotionalem Feld.

RUPERT: Wenn du den Taubenschlag bewegst, ist das einfach so, wie wenn du einen Magneten bewegst. Automatisch reagiert darauf irgend etwas, was immer das auch sein mag. Das ist im Grunde das Modell, von dem ich spreche.

RALPH: Und daß ich meinen Wagen im Parkhaus nicht finden kann, liegt daran, daß ich mit ihm nicht emotional verbunden bin und ihn nie geliebt habe.

RUPERT: In der Welt der Menschen ließe sich das auf die Suche nach anderen Menschen anwenden. Meine Frau Jill führt in ihrem Workshop ein Experiment durch, bei dem die Teilnehmer Paare bilden und zunächst einander finden, indem sie mit geschlossenen Augen summen. Wenn sie das geschafft haben, finden sie ihren Partner einfach dadurch, daß sie fühlen, wo er ist, und sich in diese

Richtung begeben. Ich habe dieses Experiment mit unseren Kindern ausprobiert, weil ich annahm, daß dieses Gespür bei Kindern sehr stark sein könnte, und eines von ihnen konnte mich tatsächlich extrem leicht finden. Aber dann kam ich dahinter, daß mein Sohn heimlich geguckt hatte.

Vielleicht lassen sich die Bande zwischen Tauben und ihren Behausungen mit den Banden zwischen Menschen vergleichen. Ja, vielleicht ist diese Bindung mit jenen besonderen sozialen Bindungen verwandt, die unsere Gruppen und Gesellschaft zusammenhalten. Auch hinter den Banden zwischen Menschen steckt vielleicht mehr als nur eine Metapher. Wir kennen viele Beispiele aus der Menschenwelt, etwa wenn ein Kind an einem anderen Ort krank wird und die Mutter, ohne davon zu wissen, sich plötzlich Sorgen zu machen beginnt und deshalb anruft, um zu hören, ob irgend etwas nicht in Ordnung ist. Das könnte eine weitere Manifestation dieses Gummibandeffekts sein. So könnte auch das Motiv der Taube, heimzufliegen, sozialer und nicht geographischer Natur sein. Wenn sie keine Gefährten hat, hat sie, wie man feststellte, auch kaum Interesse zurückzufliegen. Im Falle der Zugvögel oder der Bienen, die auf Futtersuche von ihren Stöcken ausschwärmen und dann wieder zurückkehren, müssen sich die sozialen Bindungen auf irgendeine Weise über mehr oder wenige weite geographische Dimensionen erstrecken und dann zu richtungweisenden Attraktoren werden, damit die Tiere wieder ihre Heimat oder Heimgruppe finden.

Naturforscher haben von Wolfsrudeln berichtet, die auf die Jagd gingen und einen verletzten Wolf in einer Art Lager zurückließen. Das Rudel zog weiter und tötete ein Tier, ganz still und ohne Geheul. Dann nahm der verletzte Wolf den kürzesten Weg von seinem Lager zum Beuteplatz und gesellte sich zum übrigen Rudel, um sich am Mahl zu beteiligen. Die Spuren haben gezeigt, daß er sich auf einer geraden Linie bewegt, ohne irgendwelchen Gerüchen zu folgen. Er fand den angestrebten Platz, obwohl der Wind in die entgegengesetzte Richtung wehte. Vielleicht ist diese Art von sozialer Bindung und Verbindung etwas Grundlegendes.

RALPH: Wir sind uns also in gewisser Weise darin einig, daß es einen sechsten Sinn gibt, der ein Feldphänomen ist, wie das Quantenfeld. Es ist ein soziales Feld, das etwas mit der Scharbildung von Vögeln, mit Fischschwärmen, Tierherden und Wolfsrudeln zu tun hat. Am Anfang hast du die Frage gestellt: Was lehrt uns dies, was bedeutet dies für uns im Hinblick auf unsere Zukunft? Nun, es könnte sein, daß die Menschen, warum auch immer, von der Funktion dieses Feldes keinen Gebrauch zu machen wissen, das Bewußtsein von seiner Existenz verloren haben, und wenn ihr Schutzengel spricht, tun sie daher immer genau das Gegenteil. Wenn wir die Bevölkerungsexplosion verstehen wollen, das Absterben des Planeten, all diese Kriege, die Manifestationen des Hasses und die Quellen des Bösen, dann könnte an dieser Disharmonie der Spezies Mensch seine Trennung von diesem Feld schuld sein. In diesen Zusammenhang gehört auch die von Terence geäußerte Idee, daß wir unsere Verbindung zu diesem Feld verlieren, wenn wir uns ganz und gar der Sprache unterwerfen. Wir haben alle schon Experimente mit dem Nichtsprachlichen gemacht – ich nenne nur die Meditation und den Traum, wobei die Antithese zur Sprache eine Chance hat, in den Vordergrund zu treten und uns mit diesem Feld zu verbinden. Völker wie die Amerikaner, die mehrheitlich sieben Stunden am Tag vor dem Fernseher sitzen, nehmen sich vielleicht nicht genug Zeit, um sich fern von der Sprache ein wenig umzutun.

TERENCE: Bemerkenswerterweise sind die meisten prophetischen Erlebnisse Träume. Das bestätigt meine These, daß wir die Verbindung zu einer Art vierdimensionaler Wahrnehmung verloren haben, die für die übrige Natur eine absolute Gegebenheit ist.

RUPERT: Wie kommst du darauf, daß sie für die übrige Natur eine Gegebenheit ist?

TERENCE: Weil es so viele Fälle dieser Art gibt. Da sind die Tiere, die von ihren Besitzern, die umziehen, ins Tierheim gegeben werden, und dann wohnen die Besitzer tausend Kilometer weiter weg, und das Tier bricht aus dem Tierheim aus, doch es kehrt nicht in sein angestammtes Heim zurück – es begibt sich zu der neuen Wohnung in einer anderen Stadt. Das unerklärliche Verhalten der Monarchfalter, der Brieftauben, eine ganze Reihe von anderen mysteriösen Phänomenen – all das wird verständlich und sogar banal, wenn du die Hpyothese aufstellst, daß für sie die Zukunft nicht diese Verschlossenheit besitzt, die sie für uns hat, weil wir uns in unser Sprachverhalten gefügt haben.

RUPERT: Es ist aber nicht nur ein Zeitproblem, sondern auch ein Raumproblem.

TERENCE: Ja, sie sehen sich an jedem Punkt in ihrem Leben, nicht nur an den Höhepunkten oder an den Tiefen.

RALPH: Sie sind an dem Punkt, wo sie sind, der Zeit gleichsam eine Minute voraus, so daß sie, ohne zu zögern, den nächsten Schritt in die richtige Richtung tun.

TERENCE: Mit anderen Worten: Sie können von dort aus, wo sie sind, ihr Ziel sehen. Sie steuern durch die Zeit auf die gleiche Weise, wie wir durch den Raum steuern. Ich meine, wenn du ein zweidimensionales Wesen wärst, dann wären die Dinge, die wir tun – nämlich durch den dreidimensionalen Raum steuern –, absolut geheimnisvoll für dich und würden dich zu allen möglichen metaphysischen Spekulationen und Hypothesen bewegen. Warum sollte sich die Natur innerhalb der zeitlichen Dimension selbst Beschränkungen auferlegen? Nur wir sprechen, weil wir vom Artefakt der Sprache nicht lassen können, über künftige und über vergangene Zeit, die die Zukunft und die Vergangenheit aber nicht vergegenwärtigen, sondern sie neu erschaffen. Daher möchte ich hier auf die mögliche Ausnahme menschlicher Sprachen verweisen, wo dies nicht geschieht, und darum sind diese Sprachen dem tierischen Wahrnehmen soviel näher. Das «geheimnisvolle» Verhalten der australischen Aborigines oder der Hopi-Indianer. Diese Menschen sind zu Dingen fähig, die uns wie Magie vorkommen, aber diese Magie beruht allein darauf, daß sie wissen, was geschehen wird. Daß sie einfach das Wissen der Tiere in sich aufnehmen und nutzen, ist für sie eine ganz simple Angelegenheit. Es wäre auch die eleganteste Erklärung, und sie benötigt keine noch unentdeckten Felder oder einen von diesen anderen reichlich spekulativen Mechanismen.

RUPERT: Also muß es noch eine andere Dimension geben.

TERENCE: Wir wissen, daß sie da ist. Das ist unbestritten. Ich habe immer schon bemerkt, daß jede Magie, die von Schamanen in der Urgesellschaft ausgeübt wird, besonders von denen, die psychoaktive Pflanzen verwenden, plötzlich nicht mehr so geheimnisvoll ist, wenn man einfach annimmt, daß sie dieses hyperdimensionale Wissen hereinholen, indem sie die normalen Gehirnzustände und die normalen sprachlichen Zustände außer acht lassen. Schaut euch doch an, was die Schamanen machen: Sie sagen das Wetter voraus und erklären dem Stamm, wohin sich das Wild begeben hat, und beides erfordert ein Wissen um die Zukunft. Sie verlieren nur selten einen Patienten, was bedeutet: Sie wissen, wer es schaffen wird, gesund zu werden, und wer nicht, so daß sie alle Kranken ablehnen können, die dazu bestimmt sind zu sterben. All diese Beispiele der schamanischen Magie lassen sich leicht erklären durch die Annahme, daß sie bis zu einem gewissen Grade in die Zukunft schauen können.

So verhalten sich zunächst einmal Tiere. Worin besteht nun aber die Strategie des Schamanen, um sein Spezialwissen zu erlangen? Er wird wie ein Tier, er ist der Herr der Tiere, er kleidet sich in Felle, er knurrt.

RALPH: Er spricht mit Tauben.

TERENCE: Er spricht zu den Tieren, er verändert seinen Gehirnzustand mit Martern oder Drogen oder anderen Techniken. Die sehr enge Verbindung des Schamanen zum Tiergeist legt die Vermutung nahe, daß hier der Schlüssel zum Eintritt in diese überzeitliche oder vierdimensionale Wahrnehmungssphäre zu finden ist.

RUPERT: Das Hauptsymbol des Heiligen Geistes in der christlichen Überlieferung – das für die Gabe der Prophetie, der Heilung nach Schamanenweise, des Redens in fremden Zungen und für alle möglichen anderen Fähigkeiten steht, die wir über- oder außersinnlich nennen –, dieses Symbol ist die Taube. Die erste Taube in der Bibel taucht in der Geschichte um die Arche Noah auf, von der die Taube ausgesandt wurde und mit dem Olivenzweig zurückkehrte. Von Anfang an ist die Taube eine Botin, die sich an fernen Orten umschauen und mit den entsprechenden Informationen zurückkehren kann. Man könnte sagen, für die gesamte westliche Überlieferung ist es von zentraler Bedeutung, daß dieses schamanische Verhalten, wie ein Tier zu werden – in diesem Fall irgendwie in den Geist der Taube einzudringen oder sich in irgendeiner Weise dem Zustand der Taube anzupassen –, die Basis für die Gabe verborgenen Wissens, der Prophetie und aller spirituellen Kräfte ist.

5 *Das World Wide Web*

RALPH: Ich verliebte mich in das World Wide Web im Winter 1993/94, als es gerade etwa ein Jahr alt war. Meine Leidenschaft nahm so rasch zu, daß ich inzwischen ein Buch über das Web geschrieben habe, mit dem Titel *The Web Empowerment Book*. Ich möchte den Leuten die Existenz dieses Netzes vor Augen führen und sie darin einbeziehen, um sie an der Gestaltung unserer Zukunft teilnehmen zu lassen. Aber wenn ich so herumkomme und den Leuten davon erzählen will, fragen sie nur: «Wie unterscheidet es sich denn vom Internet?» Also ich möchte euch das Ganze zunächst mal erklären.

Inzwischen kennt jeder das Internet. Es ist auf dem Cover aller großen Zeitschriften zu finden, und mittlerweile gibt es etwa hundert Bücher darüber. Aus meiner Sicht gibt es heute vier verschiedene Teilnehmerebenen im Internet, das so etwas wie ein neues Gebiet auf der Erde ist, das man gerade erst entdeckt hat. Es ist sowohl eine Art Neue Welt als auch Grenzland. «Grenze» und «Pionier» sind Worte, die man häufig in Verbindung mit dem Internet hört. Wir befinden uns auf Hawaii, einem idealen Ort, an dem man die Verbreitung der Arten im Kontext der Biogeographie studieren kann. Und nun erleben wir in der virtuellen Biogeographie auch die weiträumige Verbreitung dieses neuen Mediums, über den Ozean hinweg; es nähert sich Hawaii. Im Augenblick ist es nur noch tausend Meter von uns entfernt, und in ein paar Monaten gibt es hier, wo wir gerade sitzen, Anschlüsse ans WWW, an das World Wide Web.

Und dies sind die bereits erwähnten vier Ebenen für die Teilnehmer am Internet: Zunächst einmal habt ihr einen Anschluß erworben, das heißt, ihr habt einen Internet-Provider aufgetan, also einen Computer, der jemand anderem gehört und der direkt mit dem Internet verbunden ist, mit dem ihr wiederum indirekt verbunden seid, weil ihr ein Konto auf diesem Computer habt sowie seine Telefonnummer und ein Modem. Auf dieser ersten Ebene der Teilnehmerschaft im Internet könnt ihr nur euren Internet-Provider anrufen und elektronische Post senden und empfangen sowie Presseverlautbarungen lesen, die verschiedene Leute verschickt haben, die erste Seite der *New York Times* oder so etwas. Auf der zweiten Ebene erwerbt ihr die Fähigkeit, alles zu tun, wozu das Internet etwa vor einem Jahr fähig war, und das sind Dinge wie das Gopher-System, wo ihr nach einem Text suchen könnt, der irgendwo auf der Welt existiert. Dies also die Möglichkeiten, die für das Internet auf der zweiten Ebene der Teilnehmerschaft charakteristisch sind.

Ebene 3 ist die Ebene, auf der ihr das World Wide Web wahrnehmt und euch darin einloggen könnt. Dies ist ein sich selbst organisierendes System, in dem Tausende von Menschen über so etwas Ähnliches wie Amateurfunkstationen verfügen und in der Lage sind, Bilder, Töne, bewegte Bilder und bewegte Bilder mit Ton sowie vor allem Hypertext auszusenden, den typischen Modus des World Wide Web. Viele Menschen kennen Hypertext von Hypercard oder ähnlichen Multimediaprogrammen auf Personalcomputern. Hypertext heißt, daß ihr einen Text habt, den ihr auf eurem Computerbildschirm seht und in dem einige Worte hervorgehoben sind, so daß etwas passiert, wenn ihr mit dem Mauszeiger darauf klickt. Es können dabei alle möglichen Dinge passieren: Ihr geht vielleicht im Weltraum verloren, werdet abgeschaltet und so weiter. Normalerweise passiert aber nichts weiter, als daß ihr zu einem weiteren Hypertextdokument springt, das sich irgendwo anders im Cyberspace befindet. Diese sehr weit voneinander entfernten Textteile sind eng miteinander verbunden, die Bindeglieder zwischen all den verschiedenen elektronisch im Cyberspace existierenden Textteilen, die sogenannten Linkages, haben sich multipliziert, indem sich diese Sprungstationen gezielt in gewöhnlichen Text eingeklinkt haben. Das Medium Hypertext also ist typisch für das World Wide Web und das Internet auf Ebene 3. Um sie zu erreichen, braucht ihr ein Spezialprogramm, einen sogenannten Browser. Viele stehen kostenlos im Internet zur Verfügung. Um euch von Ebene 2 auf Ebene 3 zu begeben, schnappt ihr euch also einfach einen solchen Browser, kopiert ihn auf eure Festplatte und klickt ihn mit einem Doppelklick an. Das ist euer Sesam-öffne-dich zum World Wide Web.

Auf dieser Ebene ist das World Wide Web bereits viel interaktiver als das Fernsehen. Es enthält alles, was das Fernsehen enthält – zum Beispiel Spielfilme –, doch ihr könnt damit noch weiter interagieren. Es ist viel interessanter als das Fernsehen. Aber nachdem ihr eine Weile herumgebrowst habt, wird Ebene 3 ein wenig langweilig, weil ihr eigentlich gern euer eigenes Material publizieren möchtet. Auf der nächsten Ebene, der Ebene 4, habt ihr endlich eine so intime Verbindung zum Internet, daß ihre eure eigenen Materialien publizieren könnt und andere Leute sie auf Ebene 3 des Internets browsen können. Soviel zu den vier Ebenen.

Ich habe das World Wide Web durch CD-ROM entdeckt, ein Medium, von dem fast jeder schon mal gehört hat. Wenn ihr wißt, was CD-ROMs sind, könnt ihr euch das World Wide Web vorstellen, auch wenn ihr noch nie drin gewesen seid. Stellt euch einfach vor, daß alle CD-ROMs der Welt im Internet erhältlich und zugänglich sind. Außerdem könnt ihr eure eigenen CD-ROMs im World Wide Web herausbringen, wenn ihr Ebene 4 erreicht habt. Das heißt, daß alles, was von euch herausgebracht wird, auch der ganzen Welt zugänglich ist, zumindest in dieser virtuellen Welt des World Wide Web.

Nun, was geht da eigentlich vor? Mit dem Browser könnte ich euch auf eine Reise mitnehmen, auf der ihr eine Menge Gebilde und Dokumentationen in einem sehr primitiven Organisationszustand erblicken würdet, weil das Organisieren Zeit braucht. Ja, es braucht Zeit, um eine gute CD-ROM zu schreiben. Die Leute veröffentlichen ihr Material allerdings oft, bevor es hinreichend organisiert ist. Was ihr dort draußen also seht, sind buchstäblich Zehntausende von interessanten Projekten in einem frühen Schöpfungsstadium. Und das bedeutet, daß Zehntausende von Menschen praktisch von früh bis spät mit kreativen Arbeiten beschäftigt sind, die ihnen nichts weiter einbringen als Freude an Kreativität. Wir haben da eine Region von absolut ungezügelter, unbeschränkter Kreativität in einer Größenordnung vor uns, die man sich kaum ausmalen kann und wie wir sie noch nie erlebt haben. Zahllose Menschen haben, genauso wie ich, das Gefühl, daß sich hier die Chance zur Erschaffung einer radikal anderen Zukunft eröffnet. Das bringt mich auf mein spezielles Thema für unsere Unterhaltung über das World Wide Web. Ich habe nämlich, wiederum ebenso wie andere Menschen, die die Szene genau verfolgen, den Eindruck, daß das Wunder, das wir erwarten, sich tatsächlich ereignet.

Das Internet ist das Substrat für die Erschaffung der Zukunft. Und unter all den Menschen, die dieses Ereignis in der Vergangenheit ziemlich genau vorhergesagt haben, gibt es einen, der mich am meisten beeindruckt hat mit seiner Vorwegnahme dessen, was heute tatsächlich geschieht: Pierre Teilhard de Chardin. Der von ihm 1924 eingeführte Terminus *Noosphäre* hat das World Wide Web beschrieben, ohne auf irgendein elektronisches Substrat zu verweisen. Heute würde ich die Metapher «neuronales Netz» verwenden, einen Begriff aus der Neurophysiologie. Die individuellen Seelen im Bild von Teilhard de Chardin sind wie die untereinander verbundenen Knoten eines neuronalen Netzes, eines globalen Gehirns. Seine Vision vom *Punkt Omega* war eine prophetische Vorausschau auf 500 Jahre künftiger Evolution, in denen die Qualität der Verbindungen zwischen den individuellen Knoten und die Zahl dieser Verbindungen allmählich zunähmen. Und dann spitzte sich alles plötzlich zu einer Katastrophe in Form paranormaler Phänomene zu: Telepathie, Intuition, Sensibilität, Rücksichtnahme, Liebe oder etwas Ähnliches würden die Verbindungen zwischen den einzelnen Leben und Seelen und so weiter verstärken. Und in diesem neuronalen Netz würde der Übergeist, die Noosphäre, geschaffen werden. Diesen Prozeß nannte Teilhard *Noogenese.*

Ich glaube, daß das World Wide Web in Wahrheit die Noogenese ist, die heutzutage stattfindet. Nichts anderes. Was könnte nun alles passieren? Da gibt es ein ganzes Spektrum von Möglichkeiten. Fast jeder Mensch auf der Welt wird mit dem Netz verbunden sein, jeder zum Beispiel, der einen Fernseher oder ein Telefon hat, wird automatisch damit verbunden sein, ohne daß er es auch nur verlangt. Derzeit bin ich daran interessiert, zur Schaffung der Zukunft beizutragen, indem ich die künftige Entwicklung des World Wide Web in einer bestimmten Richtung beeinflusse: damit die spirituellen Gemeinschaften auf der ganzen Welt, der Cybersong der amerikanischen Buddhisten, der Dalai Lama, die Yogis im Himalaja und so weiter miteinander verknüpft werden. Das bedeutet, daß wir aktiv werden und sobald wie möglich allesamt miteinander vernetzen sollten.

Im Augenblick erweist sich diese Vernetzung als realtiv schwierig, und vielleicht ist das der Grund, warum die Menschen, die man derzeit im Netz antrifft, noch nicht ein breites Spektrum der Menschheit darstellen. Weniger als zwei Prozent der Teilnehmer des World Wide Web sind zur Zeit Frauen. Aber das ist ein vorübergehender Zustand. In meinem Buch geht es gerade darum, wie wir dieses Hindernis überwinden können, und es enthält auch die Software sowie detaillierte Anweisungen, wie ihr vernetzt werden könnt. Nachdem ihr vernetzt seid, ist alles andere so leicht wie bei der Schreibtischoberfläche des Macintosh. Ihr nehmt einfach die Maus in die Hand und beginnt loszuklicken, und dann findet ihr alles: die Encyclopaedia Britannica, die Bevölkerung von Indien, die aktuellen Surf- und Schneeverhältnisse und so weiter. Auf Ebene 4 könnt ihr selbst interaktive Lernspiele, spirituelle Übungen und anderes mehr anbieten. Damit habt ihr eine ungefähre Vorstellung von dem, worum es beim World Wide Web geht, und wißt nun, warum ich darin eine Chance sehe, eine neue Form der geistigen Entwicklung in Gang zu setzen, zu erzeugen, zu verstärken und an ihr teilzunehmen. Und plötzlich verblassen jene Möglichkeiten, die sich uns in den normalen Medien bieten, angesichts der Möglichkeiten, die das Internet in Form dieses World Wide Web auf Ebene 4 bereithält. Daher habe ich euch beiden auch angeboten, eure Materialien auf meiner World-Wide-Web-Seite zu veröffentlichen. Laßt uns diese Chance nun ergreifen, weil sie vielleicht schon bald nicht mehr gegeben sein wird.

TERENCE: Das ist sehr interessant. Ich höre dich gern darüber reden, weil deine Begeisterung so ansteckend ist. Du hast hier so eine Art von höchster Technophilie zum besten gegeben, für dich ist Gott sozusagen im Computer wiederauferstanden. Ich gebe dir völlig recht. Ich glaube, dies ist die Erscheinung, auf die wir gewartet haben, dies ist die äußere Schale des Punktes Omega, auf den die Geschichte zustrebt. Die ganze Tragweite dieses Phänomens ist aberwitzig und schwer zu erkennen. Ist hier die Biologie dabei, ihre Körperlichkeit abzustreifen und sich in eine andere Dimension zu verflüchtigen? Ist es nicht interessant, daß wir es hier letztlich nur mit Drähten, Schrauben, Elektronen zu tun haben, während doch die Propheten dieser Bewegung auf die Sprache der Theologie zurückgreifen, um zu beschreiben, was da vor sich geht? Dies ist nichts Geringeres als eine Manifestation des körperlosen Körpers Gottes in der menschlichen Gesellschaft. So, wie ich das sehe, ist dies das Ende der Geschichte. Seit den sechziger Jahren reden wir von Grenzauflösung, Vernetzung und so weiter, wobei wir davon ausgehen, daß sich diese Dinge in pharmakologischen Zaubertränken einstellen würden. Aber allem Anschein nach kann die globale elektronische Vernetzung damit durchaus sehr praktisch konkurrieren.

Beunruhigend – du hast bereits darauf hingewiesen – ist die Abwesenheit des Weiblichen. Aber vielleicht war ja das erste World Wide Web zu hundert Prozent weiblich und hat jahrtausendelang existiert, und die Rolle der Technikmentalität besteht im Grunde darin, das Ganze zu verdrahten, den Kerlen Beine zu machen und sie in die Wirklichkeit der grenzenlosen Kommunikation, des intuitiven Gefühls der Ganzheit, der Vervollkommnung und so weiter einzuführen.

RALPH: Meinst du, wir sollten es das zweite Netz nennen?

TERENCE: Ja, die Frauen haben stets an solchen Netzen gesponnen und sich darin bewegt, und nun lernen die den Prozeß der Feminisierung durchmachenden Männer diesen Trick, exerzieren ihn aber auf die Weise, die sie am besten kennen – mittels der Technik. Ich kann die Grenzen dieses Phänomens nicht erkennen. Ich glaube, du hast recht: Das Ding, das wir uns so herbeigewünscht haben, das uns so unwahrscheinlich vorkam, dieses Ding bedurfte offenbar tatsächlich – das soll kein Wortspiel sein – eines Deus ex machina. Nun haben wir also einen Deus ex machina. Und das wunderbare daran ist, daß wir dafür keine Wälder abholzen müssen, daß es keine neuen Slums entstehen läßt, daß es eigentlich unsichtbar ist. Und daher können es die Leute, die es aus verschiedenen Gründen vielleicht aufhalten, unterminieren, in ihre Gewalt bekommen wollen, eigentlich gar nicht wahrnehmen. Sie haben die Landmassen des Planeten, das Plutonium, das Erdöl fest in der Hand, aber sie wissen nicht, daß all dies nicht der Schlüssel zum Spiel ist. Der Schlüssel zum Spiel heißt Information und Vernetzung. Und auf diesem Gebiet besitzt dieses Ding offenbar eine eigene morphogenetische Dynamik. Es würde mich interessieren, was du darüber denkst, Rupert, als Verfechter des morphogenetischen Feldes. Ist das irrelevant oder ein glänzendes Beispiel oder eine Metapher dessen, wovon du immer sprichst?

RUPERT: Ich weiß nicht, was ich davon halten soll. Meine Skepsis ist wieder einmal erwacht. Ich jedenfalls habe längst Zugang zu riesigen Mengen von Informationen und Ideen. Sämtliche Bibliotheken von London stehen mir offen, ich kann unglaublich viele Informationen aus Zeitungen, Stapeln von ungelesenen Zeitschriften, Bergen von Post, die mich erreicht, und so weiter beziehen. Mein Problem besteht darin, woher ich die Zeit nehmen soll, all das zu lesen, was es schon gibt. Was Ralph da geschildert hat – von Menschen, die durchs Netz browsen, hier und da erstaunliche Informationsbröckchen aufsammeln und ohne das Bedürfnis nach einer

Entschädigung für all den Aufwand kreativ sind –, setzt ja eine ganze Menge Freizeit voraus. Und irgendwie kommt mir das Ganze ziemlich nebulos vor, weil es nichts mit der Realität zu tun hat, die ich kenne. Vielleicht ist das ja nichts weiter als oberflächlicher britischer Zynismus, aber mir ist eigentlich nicht klar, wie sich das mit dem Leben von Menschen vereinbaren läßt, die ihren Lebensunterhalt mühsam verdienen müssen. Ich kann darin nur eine Freizeitbeschäftigung sehen, ein Hobby wie den Amateurfunk.

TERENCE: Wenn du früher Informationen gesucht hast, dann hast du dich nur so weit umgeschaut, wie es für dich unerläßlich war, und das beschränkte sich gewöhnlich auf deine örtliche Bibliothek. Und deine Schlußfolgerungen hatten unvermeidlicherweise eine gewisse Beschränktheit an sich. Wenn du zum Beispiel in der Alten Welt eine Abbildung der Mona Lisa haben wolltest, hast du doch unter dem Stichwort Leonardo da Vinci in der Encyclopaedia Britannica nachgeschlagen. Im World Wide Web wählst du die Kamera an, die im Louvre auf die Mona Lisa gerichtet ist. Du holst dir nicht eine Reproduktion der Mona Lisa ins Haus, sondern das echte Bild. Menschen sind durch lokale Gegebenheiten definiert. Mit welcher Art von Welt hätten wir es zu tun, wenn es keine lokalen Gegebenheiten gäbe? Mit anderen Worten: Wenn Begriffe wie britisch, somalisch, chinesisch völlig bedeutungslos wären, weil sich jeder Mensch im selben kulturellen Überraum bewegte? Es heißt ja, daß der Kapitalismus, der auch aus dem gesellschaftlichen Raum eine homogene Kultur machen möchte, dies dadurch erreichen will, daß er an den kleinsten gemeinsamen Nenner appelliert, also beispielsweise die Beduinen und die Witoto-Indios zwingt, sich Dallas oder etwas Ähnliches anzuschauen.

Meines Erachtens spricht für das Web, daß es die Vielfalt bewahrt. Es bietet alle Informationen wirklich ohne jeden Vorbehalt an. Und Ralph hat es versäumt zu erwähnen – obwohl er es sicher weiß –, daß das Internet ursprünglich vom amerikanischen Militär eingerichtet wurde, als ein Kommunikationssystem, das so konstruiert worden war, daß es einen thermonuklearen Angriff überstehen würde. Es sollte somit unzerstörbar sein. Es gibt kein Kontrollzentrum, das man bombardieren oder in die Luft sprengen könnte. Und dadurch sind ausgerechnet diejenigen Leute, die das Internet geschaffen haben, nicht in der Lage, es zu kontrollieren.

RALPH: Das Großartige daran ist ja, daß es außerhalb jeder Kontrolle ist.

TERENCE: Es ist chaotisch, Freunde.

RALPH: Wir haben uns immer gefragt, was passieren würde, wenn der Kreativität eine unendliche Ressourcensphäre zur Verfügung stände – und jetzt ist es passiert. Denn das World Wide Web läßt sich keineswegs mit den traditionellen Informationsquellen wie Büchern und Zeitschriften vergleichen. Aber nehmen wir einmal an, es ließe sich damit vergleichen. Angenommen, darin gäbe es nichts weiter als Bücher und Zeitschriften. Dennoch ergibt sich plötzlich ein anderer Zugang zu all diesen Informationen. Nun sind ja all diese Bücher im Britischen Museum eigentlich nicht zugänglich. Der Zugang ist streng begrenzt. Schließlich gibt es sechs Milliarden Menschen auf der Welt, und sie würden einfach nicht hineinpassen. Übers Internet haben die Menschen jedoch freien Zugang zu all diesen Materialien. Gewiß, im Augenblick muß man sich noch eine, manchmal sogar zwei Minuten gedulden und sozusagen hinten anstellen, um ein bestimmtes Buch zu bekommen. Aber der Zugang wird hunderttausendfach erweitert. Das liegt an der Stärke der Verbindung, an der Zahl der Verbindungen. Am offenkundigsten verändert sich also der Zugang.

TERENCE: Etwas anderes, dessen Auswirkungen man meines Erachtens nur schwer abschätzen kann, ist die Tatsache, daß du – egal, wie obskur dein Interessengebiet oder dein Selbstverständnis sein mag – jede gewünschte Verbindung herstellen, jeden «anderen» finden kannst: Alle behinderten lesbischen Mütter in der dritten Welt können miteinander kommunizieren.

RALPH: Mit anderen Worten: Es entstehen neue Gemeinschaften.

RUPERT: Schön und gut, wenn du weißt, wonach du Ausschau hältst. Aber wenn ich morgens den *Manchester Guardian* lese, bin ich zwar an gewissen Dingen besonderes interessiert, erblicke jedoch auch eine ganze Menge anderer Dinge, nach denen ich normalerweise nicht Ausschau halten würde. Ich würde niemals auch nur die Hälfte dieser Dinge anwählen.

RALPH: Der *Guardian* ist im WWW natürlich mit einem Register versehen. Nun liest du, sagen wir mal, ein Buch. Viele von uns beginnen ein Buch von hinten zu lesen. Das heißt, wir schauen ins Register und ziehen Schlüsse aus seinem Umfang und seiner Untergliederung. Ich sehe da dieses Buch über Insel-Ökologie, es hat ein sechzig Seiten langes dreispaltiges Register, und ich denke: «Das ist ein großartiges Buch.» Viele Bücher im World Wide Web sind mit einem hervorragenden, vollständigen Register versehen, das jeden einzelnen Sachbegriff aufführt, der in dem Werk vorkommt. Das heißt, du findest viel leichter, wonach du suchst, als in jedem gedruckten Buch.

RUPERT: Okay, einigen wir uns also darauf, daß dies eine erstaunliche Ressource ist. Die nächste Frage lautet dann: Welche Forschungsprojekte oder künstlerischen Projekte willst du mit ihrer Hilfe betreiben? Mir fallen gleich mehrere Beispiele ein. Das eine ist dein Lieblingsgebiet, Terence, die Beschaffenheit der Zeit. Terence interessiert sich für seine spezielle Zeitwelle, aber ich bin mehr an der empirischen Seite interessiert und gehe nicht von der Theorie aus, sondern von Daten, die Schwankungen anzeigen, beispielsweise Sonnenfleckendaten, Unfallberichte, Selbstmordstatistiken, Unwetterkatastrophen und so weiter – all jene Dinge also, die sich verändernde Eigenschaften der Zeit widerspiegeln könnten. Ich selbst könnte damit zwar nicht viel anfangen, weil mir die mathematischen Kenntnisse fehlen, um eine Korrelationsanalyse und all die anderen Berechnungen anzustellen, die der Vergleich riesiger Datenbestände ermöglicht. Also gut: Das World Wide Web könnte eine neue Art von Forschung über die Beschaffenheit der Zeit ermöglichen. Diese Möglichkeit kann ich ohne weiteres erkennen. Ich kann aber auch erkennen, daß die Zahl der Menschen, die sich dafür wirklich interessieren, sehr klein sein dürfte.

TERENCE: Ganz offensichtlich bietet die Kultur des ausgehenden 20. Jahrhunderts generell eine Fülle von Möglichkeiten. Während einige von uns sich anschicken, Zugang zu den Zentralcomputern des World Wide Web zu finden, können andere nicht einmal die Inhaltsangabe auf einer Cornflakes-Schachtel lesen. Eine Menge Menschen werden durchs Netz fallen. Sie sind schon immer durch jedes Netz in der Geschichte gefallen. Daher stellt sich die Frage: Ist das World Wide Web nur etwas, was für eine Elite geschaffen worden ist? Und was für eine Elite ist das? Es ist ganz sicher keine Elite des Reichtuns, sondern eine Elite der Intelligenz. Nun waren ja im Laufe der Geschichte nicht die Juden, die Iren oder die Schwarzen die am meisten unterdrückte Gruppe. Sie alle sind schwer geschunden worden, aber die in der ganzen Geschichte der Menschheit ständig unterdrückte Gruppe von Menschen sind die klugen Menschen. Und nun gibt es ein neues Werkzeug für kluge Menschen, das für die Dummen absolut unverständlich ist und praktisch der Wasserstoffbombe entspricht. Und falls die Bewußtseinserweiterung wirklich unsere Rettung sein sollte, dann muß es dies sein: So chaotisch das Netz auch ist, so ist es doch eine kontrollierte psychedelische Erfahrung, die die Menschen auf den höchsten Stufen der Intelligenz erfaßt.

RALPH: Es ist eher so etwas wie eine psychedelische Einbahnstraßen-Erfahrung. Nach einem Trip mit LSD oder etwas Ähnlichem ist dein Geist für immer verändert. Nachdem du durch dieses Phänomen gebrowst bist und dich daran gewöhnt hast, kannst du diese Erfahrung fast nicht mehr vergessen – oder du wirst hinter deine Erfahrungen zurückfallen.

TERENCE: Da du ja aus Erfahrung sprechen kannst, Ralph, was ich mit Sicherheit nicht kann: Welche Errungenschaften oder konkreten Vorteile hast du persönlich aus dem World Wide Web bezogen, außer der Vision, was es in Zukunft sein könnte?

RALPH: Ich würde sagen, der Aspekt in meinem Leben, der am augenfälligsten und am beachtlichsten durch das World Wide Web beeinflußt wird, ist meine Motiviertheit zur Autorschaft. Ich bin bereit, das Schreiben von Büchern oder jede andere intellektuelle Tätigkeit aufzugeben – außer der, in einem Garten zu sitzen und zu reden, wie wir dies gerade tun. Ein Buch herauszubringen, das von tausend Menschen gelesen wird, oder einen Artikel zu veröffentlichen, der von hundert Menschen gelesen wird, ist mit fürchertlich viel Arbeit verbunden, ohne daß irgendwas dabei herausspringt, auch wenn ich das Büchermachen liebe. Ich habe Tausende von Ideen fürs Bücherschreiben. Es gibt einfach bloß keinen Grund, damit weiterzumachen. Jetzt allerdings weiß ich, daß ich die Freiheit habe, all meine kreative Energie selbst öffentlich darzustellen. An meinem Platz im World Wide Web sind in nur einem Jahr vermutlich Hunderttausende von Menschen aufgekreuzt.

TERENCE: Aber du verkaufst Software in höherer Mathematik. Und wenn du nun Dildos verkaufen würdest?

RALPH: Vielleicht habe ich mit dem, was ich schreibe, keinen Einfluß auf die Menschen, und das ist okay, aber zumindest besteht ja die Möglichkeit. Irgendwie motiviert mich das weiterzuarbeiten. Außerdem gehen die Verwendung von elektronischen Werkzeugen und die Aufbereitung von Materialien zur elektronischen Veröffentlichung ganz nahtlos ineinander über. Daraus folgt, daß ich noch viel schneller arbeiten kann. Ich plane gerade, etwa vier Bücher pro Jahr herauszubringen. Ich habe wie immer ein Dutzend Ideen in petto, aber zum erstenmal gehe ich davon aus, all diese Buchideen in kurzer Zeit umzusetzen und Menschen zur Verfügung stellen zu können, die tatsächlich Zugang zu ihnen haben, darüber diskutieren und mit etwas Ähnlichem darauf reagieren werden. Sie werden dann ihrerseits ein Buch publizieren.

RUPERT: Um Himmels willen! Mich erwartet sowieso schon ein Alptraum, wenn ich nächste Woche von Hawaii nach Hause komme – ein meterhoher Berg von Post, der ganz bestimmt mindestens zwanzig dicke Umschläge enthält, in denen sich genau das befindet, wovon du gerade gesprochen hast: das kreative «Work in progress» anderer Leute. Theorien über das Universum, warum Einstein irrte, warum die Evolution auf eine neue Weise verstanden werden sollte und so weiter.

RALPH: Ich finde genauso einen Berg vor. Du mußt ja nicht alles lesen.

RUPERT: Aber der Gedanke, daß sich ein Wasserfall von diesem Zeug in meinen Computer ergießt, reicht aus, um mir das Ganze total zu verleiden. Weil die Menge der bereits jetzt frei herumschwirrenden Kreativität meiner Meinung nach schon viel zu groß ist. Meines Erachtens brauchen wir nicht mehr.

RALPH: In einem zehn Meter hohen Stapel von Manuskripten findest du vielleicht eins, das was taugt. Unter all den Spinnern ist einer ...

RUPERT: Ich weiß, aber dann ginge es einem ja wie dem Redakteur einer Zeitschrift, der die ganz und gar nicht zu beneidende Aufgabe hat, Berge von unaufgefordert eingesandten Manuskripten durchzusehen und zu entscheiden, welches veröffentlichenswert ist. Ich bin ihnen ja dankbar dafür, daß sie das tun – ich selbst hätte nicht die geringste Lust dazu. Im World Wide Web muß jeder sein eigener Redakteur sein.

RALPH: Nein, die Menschen werden alles veröffentlichen, was sie wollen, ohne sich Einschränkungen aufzuerlegen, und dann werden andere Leute alles durchsehen, was ihnen gefällt, ohne sich Einschränkungen aufzuerlegen, und im Augenblick reden wir über eine tausendfache Zunahme an Kreativität auf dem gesamten Planeten sowie darüber, daß manche Menschen bis jetzt noch nie die Chance hatten, irgend etwas zu erschaffen. Und nun hat man an einem öffentlichen Ort in Los Angeles ein Fenster ins World Wide Web aufgemacht, und drum herum haben sich Bandenmitglieder versammelt, die erkennen, daß sie zum erstenmal die Chance haben, sich an der Gesellschaft zu beteiligen. Kreativität kann nicht schlecht sein.

TERENCE: Wenn man den Cyberspace als ein Informationsmilieu ansieht, dann heißt das, daß du viel interessantere Evolutionssituationen aus artendichten Milieus herausholen kannst als aus sehr spärlich besiedelten Milieus, und ich glaube, Ralph will sagen, daß sich das Milieu der menschlichen Kultur gerade zu etwas verändert, was einem Regenwald am Amazonas gleichkommt. Bisher war es eher eine arktische Tundra.

RUPERT: Ja, ja, ich sehe schon, wie das zu einem riesigen Wuchern führt, wie die Artenbildung im Amazonasbecken. Wir haben bereits eine unglaubliche Spezifizierung des Interesses. Geht doch bloß mal in einen Zeitschriftenladen, und ihr findet dort Hunderte von Zeitschriften über unglaublich spezielle Themen – Kaninchenzucht, Motorradreparatur, Windsurfen, Modelleisenbahnen und so weiter.

RALPH: Das ist doch wunderbar!

RUPERT: Richtig. Aber dieses gewaltige Wuchern von Special-Interest-Gruppen und die Bildung von Subkulturen haben ja nichts zu tun mit Teilhardt de Chardins Vision von der Noosphäre, die nicht einfach aus Abertausenden weltweit miteinander kommunizierenden kleinen Gruppen mit speziellen Interessen besteht, sondern ein ganzheitliches Prinzip der Menschheit darstellt. Ich kann mir gut vorstellen, daß es auch Gruppen geben kann, die untereinander ihre Experimente mit telepathischen Hunden und Katzen diskutieren . . .

RALPH: Daher müssen wir schleunigst welche aussetzen.

RUPERT: Aber das Web basiert auf endloser Vermehrung oder Fragmentierung oder Differenzierung. Wo liegen die vereinheitlichenden Prinzipien? Globaler Kapitalismus genügt doch wohl kaum.

TERENCE: Das Internet ist eine Art von Superorganisation. Es löst nationale Grenzen auf, es löst Klassenkontrollen, religiöse Kontrollen auf, es erschafft einen ganzheitlichen Organismus. Vielleicht wird es die Welt für weiße, männliche Intellektuelle nicht besser machen. Das ist vielleicht auch gar nicht sein Zweck. Vielleicht hat es ja ein eigenes sich entfaltendes Telos, um zu fragen, wozu es gut ist, wäre genauso, als wollte ein Käfer fragen, wozu die Evolution gut sei. Ich glaube, es wird uns ablösen. Ich weiß nicht, wieviel Affen ans WWW angeschlossen sein werden, wenn das Netz fertig ist. Vielleicht wirft es die Affen ja auch irgendwo unterwegs ab.

RALPH: Da stimmen wir nicht miteinander überein. Es wäre doch eine Riesenenttäuschung, falls sich Ruperts Phantasiegemälde als die tatsächliche Zukunft der Computerentwicklung herausstellen sollte. Ich könnte mir viel eher vorstellen, daß das übersteigerte Selbstverständnis der Menschheit irgendwie korrigiert wird, daß wir nach einer spirituellen Wandlung eine bessere Beziehung zur Biosphäre haben werden, was unsere Chance verbessert, eine Zukunft zu haben. Und das wiederum hängt ab von einer phantastischen Beschleunigung im Bildungsprozeß, auf dem gesamten Informationssektor. Ich bemühe mich intensiv darum, ins World Wide Web so schnell wie möglich ökologische Modelle einzubringen, die die Menschen tatsächlich durchspielen können, nämlich ökologische Spiele wie SimCity, bei dem man sieht, was passiert, wenn man den Amazonasdschungel ganz und gar kahlschlägt, und so weiter. Diese Informationen können dann weithin zugänglich werden, und zwar in einer Form, für die man nicht einmal lesen und schreiben können muß. Das World Wide Web selbst wird, meiner Meinung nach, in kurzer Zeit nicht mehr existieren. Das ist eine Übergangsphase, in der ein göttlicher Prozeß in Gang gesetzt wird, der uns die nötigen Eigenschaften vermittelt, damit wir uns zu einer Spezies entwickeln, die tatsächlich eine sensible Koexistenz mit ihrer Umwelt führen kann.

TERENCE: Ich hoffe, der Tag wird kommen, da die Menschen auf einer ökologisch ausgewogenen Erde leben werden – ein paar hundert Millionen gesunder, gut ernährter, intelligenter Menschen, die körperlich auf einem ganz ursprünglichen kulturellen Ausdrucksniveau zu stehen scheinen, aber wenn man sich in den Körper eines dieser Menschen versetzen könnte, würde man sofort bemerken, daß Menüs im Raum hängen, wenn sie ihre Augen schließen, und diese Menüs sind die Schnittstelle zur kulturellen Dimension, die nirgendwo anders gesehen oder berührt werden kann als im Geist. Nicht in meinem Geist, sondern im kollektiven Geist. Das World Wide Web könnte der Samen für die Erschaffung einer globalen telepathischen Kollektivität sein.

6 *Forschung mit telepathischen Haustieren*

RUPERT: Ich habe im Rahmen meines Basiswissenschaftsprojekts, über das wir bereits diskutiert haben, auch Forschung mit Haustieren betrieben. Bekanntlich besitzen viele Menschen Hunde und Katzen, die anscheinend wissen, wann ihr Besitzer nach Hause kommt. Das Tier geht zur Tür, ans Fenster oder zum Tor, um dort zu warten, bis der- oder diejenige heimkommt, und zwar oft bereits zehn oder noch mehr Minuten eher. Dies geschieht sogar, wenn der Mensch zu ganz unregelmäßigen Zeiten heimkommt. Viele Leute haben mir erzählt, sie wüßten aufgrund des Verhaltens des Tieres, wann sich ihr Partner auf dem Heimweg befände, und würden dann oft mit der Zubereitung des Essens beginnen. Die Vorwegnahme der Ankunft des Abwesenden durch das Haustier wird von vielen für selbstverständlich gehalten. Niemand macht sich offenbar darüber viele Gedanken, außer daß man annimmt, es müsse sich dabei um eine Art übersinnlicher oder telepathischer Fähigkeit handeln.

In den meisten Gruppen von zehn oder mehr Personen, die ich befragt habe, gibt es mindestens einen Menschen, der dieses antizipatorische Verhalten von Haustieren persönlich erlebt hat. In England werden Storys über dieses reale Phänomen in vielen Zeitungen und Zeitschriften gebracht, von der Londoner *Times* bis zu *Dogs Today*, und ich habe Hunderte von Briefen von Leuten erhalten, die mir von den offensichtlich telepathischen Kräften ihres Haustiers berichteten.

In einer BBC-Radiosendung über dieses Thema mußte ich einer

Diskussionsrunde, die für ihre Schlagfertigkeit wie für ihre Härte berüchtigt ist, Rede und Antwort stehen. Ich rechnete mit einer skeptischen Reaktion. Doch der kritischste Teilnehmer erklärte schlicht: «Na ja, mein Hund macht das seit Jahren», und die anderen gaben entsprechende eigene Geschichten zum besten. Der Moderator kam daraufhin zu der Schlußfolgerung: «Das einzige, was mir an diesem Verhalten so rätselhaft erscheint, ist der Umstand, daß Doktor Sheldrake das Bedürfnis hat, die Existenz dieses Phänomens zu beweisen.»

In vielen Fällen stellt sich heraus, daß die Tiere bereits reagieren, wenn der Mensch den Ort verläßt, von dem aus er heimkehrt. In manchen Fällen haben die Leute auf meinen Wunsch hin bewußt die Zeit des Aufbruchs durch Münzwurf ermittelt. Und Haustiere können auch dann noch reagieren, wenn der Mensch auf schnellere Weise als gewöhnlich heimkommt, zum Beispiel per Fahrrad oder mit dem Taxi statt zu Fuß.

Ich möchte mich nun gern mit euch über die Folgerungen aus diesem Haustierverhalten unterhalten.

RALPH: Ich bin ja nun wirklich ein Querdenker und habe eine gewisse Schwäche für solche Sachen – und doch empfinde ich eine gewisse Skepsis, wenn du sagst, daß dieses Phänomen real sei. Ich kenne deine Experimente zwar nicht im Detail, aber meiner Meinung nach verhält es sich doch so: Wenn in einem Raum dreißig Menschen sind, von denen fünf oder sechs diese Erfahrung gemacht haben, sind diese Menschen dennoch nicht sicher, ob dieser Vorgang tatsächlich etwas mit Vorahnung oder Telepathie zu tun hat. Sie wissen dies nicht, weil sie ihre Erfahrung in einer zufälligen Umgebung gemacht haben und nicht im Rahmen eines kontrollierten experimentellen Programms. Ich glaube daher, daß zwar später einmal kontrollierte Experimente überzeugende Ergebnisse liefern könnten, aber daß dies vielleicht jetzt noch nicht der Fall ist.

RUPERT: Ich sage ja nicht, daß es eindeutig bewiesen ist – da habe ich etwas vorgegriffen. Aber es handelt sich auch nicht bloß um eine fiktive Möglichkeit. Darüber zu diskutieren würde sich nicht lohnen. Dann hätten wir es mit einem so umstrittenen Phänomen zu tun, wie es die gewöhnliche Telepathie darstellt, man könnte die Telepathie der Haustiere zusammen mit der ganzen Parapsychologie für weitere hundert Jahre ad acta legen.

RALPH: Wie funktionieren sie also, diese Experimente mit Haustieren? Wenn sie wiederholt von Experimentiergruppen an High-Schools, von Haustierclubs sowie von Einzelpersonen durchgeführt und mit Videokameras und so weiter dokumentiert werden – wie sollen deren Ergebnisse gesammelt und der Öffentlichkeit in einer verständlichen Form präsentiert werden und eine Chance haben, zur Erklärung des Phänomens beizutragen?

RUPERT: Mit Hilfe von Zeitschriften, Büchern, Radio, Fernsehen – also über die Medien.

RALPH: Was meinst du: Wird es da eine Gegenreaktion geben?

RUPERT: Falls ja, wäre es das gefundene Fressen für die Medien. Sie lieben ja Kontroversen, und sie lieben alles, was mit Haustieren zu tun hat. Die Skeptiker wären gezwungen, ihre Argumente prononciert vorzubringen. Und was könnten sie in einer öffentlichen Debatte zur Verteidigung ihrer Position angesichts so überzeugender Beweise wohl vorbringen?

TERENCE: Sie würden sich dabei vermutlich ziemlich blamieren.

RALPH: Was wir brauchen, um in solchen Konfrontationen gut abzuschneiden, sind Experimente, die sehr exakt durchgeführt werden.

RUPERT: Genau. Und der Kritik der Skeptiker könnte man dadurch begegnen, daß die Experimente laufend verbessert werden, bis man allen vernünftigen Einwänden gerecht geworden ist. Bis dahin ...

RALPH: Preise aussetzen.

RUPERT: Ja, Preise für die besten Experimente. Und dann eine zweite Serie von Preisen für die Theorie, die das Phänomen am überzeugendsten erklärt. Jeder würde öffentlich dazu eingeladen, eine Theorie vorzubringen. Ich glaube, ein Theorienwettstreit würde eine Menge Aufmerksamkeit auf sich ziehen, und das hieße auch, daß nicht nur ein einzelner zu Wort käme und versuchen würde, seine Theorie allen anderen aufzuzwingen. Jeder könnte es mal probieren. Ich vermute, daß es sich bei den meisten Erklärungsversuchen um Feldtheorien der einen oder anderen Art handeln würde.

RALPH: Das ist doch schon sehr kreativ. Ich bin sicher, daß das World Wide Web diese Erfahrungen und Resultate irgendwie vermitteln und sie leichter verbreiten könnte als irgendwelche Zeitschriften.

RUPERT: Ja, das ist durchaus möglich.

RALPH: Du mußt darauf achten, daß ein solches Forschungsprogramm überwacht wird, damit es nicht zu einer riesigen Welle des Mißbrauchs von Tieren kommt.

RUPERT: Ich denke, bei Haustieren ist das höchst unwahrscheinlich. Und der öffentliche Charakter dieser Forschungen wäre ein natürliches Hindernis für irgendwelche Grausamkeiten.

RALPH: Ich gebe dir recht, daß dies ein Gebiet ist, auf dem Experimente sehr lohnend sein könnten, und wenn wir einmal unterstellen, daß sie es tatsächlich sind, dann lautet ja deine Frage wohl, wie dies ein Umdenken in der Wissenschaft herbeiführen könnte.

RUPERT: Richtig.

RALPH: Allerdings glaube ich – aber das ist bloß die pessimistische Ansicht eines Optimisten –, daß eine umgewandelte Wissenschaft zwar etabliert und etwas ganz Alltägliches werden könnte, aber die paradigmatische Einstellung unserer Kultur im wesentlichen nicht entscheidend verändern würde, weil darin für den sogenannten Aberglauben ohnehin viel Raum ist. Unglaublich viele Dinge werden von der Wissenschaft abgelehnt und von den Menschen weithin akzeptiert, zum Beispiel die Astrologie. Aber der Wissenschaftsbetrieb, meine ich, würde sich gegen jede auch noch so gründliche Beweisführung sperren, weil unser Wissenschaftssystem so unflexibel ist, sich gegenüber allem Neuen oder jeder Ausdehnung so hartnäckig verschließt, daß es sich praktisch in einer Sackgasse befindet. Dies ist, wie gesagt, meine pessimistische Meinung: Die Wissenschaft wird sich nicht ändern, und die Menschen brauchten sich nicht zu ändern, und ganz gleich, was bei diesem höchst exemplarischen und vielversprechenden Experimenten auf allen möglichen Gebieten herauskommt – auf der Welt würde sich dadurch im großen ganzen nichts ändern. Für mich persönlich allerdings ist das wirklich etwas Phänomenales, ich meine, die Tatsache, daß Haustiere und ihre Besitzer in der Lage sind, Nachrichten über gewisse Entfernungen hinweg auszutauschen. Das wird all meine Ideen weiterbringen. Ich meine, es bedeutet, daß alles miteinander viel stärker vernetzt ist, als jeder bislang zuzugestehen bereit ist.

RUPERT: Ausgenommen die meisten Menschen, wenn sie über ihre Haustiere reden.

RALPH: Nun, selbst wenn sie entsprechende Erfahrungen mit ihren eigenen Haustieren gemacht haben, können sie sich vermutlich doch nicht dazu bequemen, die Möglichkeiten ins Auge zu fassen, daß alle Haustiere und Menschen auf bisher unerklärliche Weise miteinander verbunden sind.

TERENCE: Ralph, ich glaube schon, daß du die Flexibilität im Denken der Masse und den Spielraum des Aberglaubens ganz gut erfaßt hast, aber ich meine auch, daß du da zu sehr darauf herumreitest. Mit anderen Worten: Die Wissenschaft ist ja wirklich rigide, aber sie ist doch kein Sakrament. Und wenn man ihnen genügend überwältigende Beweise präsentiert, bleibt den Wissenschaftlern gar nichts anderes übrig, als den Rückzug anzutreten. Das Wort «bewiesen» wurde auf den Kopf gestellt – eine Sache ist bewiesen, wenn dein Feind sich blutig und wimmernd zurückzieht. Dann gilt sie als bewiesen. Und wir sind noch nicht so weit, daß wir derart pessimistisch sein sollten. Mit anderen Worten: Falls fünf von dreißig normalen Menschen von einem bestimmten Phänomen berichten, und dann stellt sich heraus, daß es tatsächlich nur einer von dreihundert erlebt hat, könnte dies trotzdem ein überzeugendes Argument sein. Die Quantenphysik mußte ja auch den Tunneleffekt akzeptieren, weil die Elektronen weiterhin durch die Energieschranke gelangten, auch wenn sie nach der Gleichung nicht genügend Dampf draufgehabt hätten, um durchzukommen. Darum mußte die Wissenschaft in die Theorie die äußerst wundersame Tatsache einbeziehen, daß sich offenkundig Partikel zuweilen ungestraft durch Energieschranken bewegen können.

Aber ich bin skeptisch. Mir sind da eine ganze Reihe von Dingen durch den Kopf gegangen, als ich euch zuhörte. Es ist gewiß wahr, daß der Mensch und die beiden erwähnten Haustierarten, Hunde und Katzen, schon seit sehr langer Zeit miteinander leben, im Falle der Hunde vielleicht eine halbe Million Jahre: zwar noch nicht domestiziert, aber in derselben Umwelt, die gleichen Tiere jagend und so weiter. Ich würde wetten, daß Hunde bessere Kandidaten für diese Fähigkeit sind als Katzen. Viele Katzen heben doch kaum den Kopf, wenn man zur Haustür hereinkommt. Aber Hunde verfügen offenbar wirklich über die hier angesprochene Fähigkeit. Hunde und Katzen sind soziale Wesen, die komplexe Signale entwickelt haben, genauso wie wir Menschen. Sie waren uns lange Zeit sehr ähnlich, aber dann entwickelten wir Menschen die Fähigkeit zur Erzeugung von Signalen sehr viel weiter, und dem konnten die

Hunde nicht mehr folgen. Anscheinend steht hinter dem Schamanismus die Vorstellung, daß menschliches und tierisches Bewußtsein sehr eng miteinander verwoben ist und ausgetauscht werden könnte. Es ist zwar nicht bewiesen, aber mit Sicherheit für die Grenzspekulation selbstverständlich, daß die Menschen in prähistorischer Zeit miteinander per Telepathie kommunizierten. Das legt den Gedanken nahe, daß die frühen Menschen vielleicht auch mit ihren Tieren telepathisch verkehrten, daß sie vielleicht eine Beziehung zu ihren Tieren gehabt hatten, die das überstieg, was wir als rational ansehen.

Nachdem ich mir all dies gesagt hatte, nahm ich eine andere Position ein. Als Rupert das Phänomen darstellte und du, Ralph, darauf reagiertest, gab es so etwas wie eine stillschweigende Übereinkunft, daß wir wissen, wie dies funktioniert. Wir glauben, daß wir das neue Paradigma erreicht haben, daß es sich bei diesem Phänomen zwischen Haustieren und ihren menschlichen Freunden um Telepathie handelt, daß dies der Beweis für die Existenz eines unsichtbaren Feldes ist, eines Einflusses, der alles miteinander verbindet, ja, daß dies das Zentrum unseres Ganzheitsmodells sein könnte, falls es bewiesen würde. Im Grunde beruhen jedoch alle unsere Überlegungen auf der völlig unbewiesenen Annahme, daß wir wissen, wie das Phänomen funktioniert. Es könnte durchaus sein – und ich habe darauf in anderen Trialogen hingewiesen –, daß wir eine ganz falsche Vorstellung von Kausalität haben und daß der Hund nur deshalb weiß, wann du zu Hause sein wirst, weil er nicht in genau dem Jetzt lebt, das die kulturell definierte menschliche Sprache geschaffen hat. Die Natur existiert nicht im Newtonschen Jetzt, in dem wir existieren. Es handelt sich dabei viel eher um ein wellenmechanisches Bewußtseinsfeld. Die Vergangenheit ist die Rückflanke der Welle, die Zukunft die Vorderflanke der Welle. Der Augenblick ist dehnbar. So daß wir vielleicht nicht beweisen sollten, daß die Telepathie ein unsichtbar alles mit allem verbindendes Netz ist, sondern eher einmal mehr versuchen sollten zu begreifen, wie sehr uns die Sprache und die kulturellen Grenzen daran hindern, korrekt wahrzunehmen, wie die Natur funktioniert.

RALPH: Wir bemühen uns, die Erfahrung in Sprache zu übertragen, müssen aber zugeben, daß wir sie bei dieser Übertragung in Sprache, in einen allgemeinverständlichen Prozeß, zu 90 Prozent ihres Bedeutungshorizonts berauben.

TERENCE: So ist es. Als ich zum Beispiel darlegte, daß dieses Phänomen auf einer Feldtheorie beruhen könnte, meinte ich damit, daß es sich nach dem quadratischen Reziprozitätsprinzip richten würde. Diese Voraussagen können wir über jedes Phänomen machen, wenn wir den bestimmten Typus eines beschreibbaren Mechanismus akzeptieren. Genauso also könnten wir verfahren: Wir gehen von einem hypothetischen Mechanismus aus, sehen uns an, welchen Fällen er gleicht und ob diese Fälle hier anwendbar sind, verbessern ihn weiter und so fort. Dann habt ihr in groben Zügen ein Modell vor euch.

RUPERT: Mein Modell besteht darin, daß diese eigenartigen Verbindungen zwischen den Haustieren und ihren Besitzern auf einem morphischen Feld beruhen, das den morphischen Feldern um eine Vogelschar oder ein Wolfsrudel ähnelt, also den Feldern sozialer Gruppen. Hunde nehmen Menschen als Ehrenmitglieder des Rudels auf und gehen mit ihnen soziale Verbindungen ein, genauso wie Wölfe untereinander. Das ist der biologische Hintergrund. Diese morphischen Felder verbinden Dinge miteinander in der Gegenwart und werden durch die Erinnerung an die Vergangenheit zusammengehalten. Mophische Felder enthalten auch Attraktoren, die Organismen zu künftigen Zuständen hinziehen. Wenn Menschen heimkehren, dann ist das Heim der Attraktor in ihrem Feld. Heimzukehren ist ihr Ziel, ihre Intention, und der Hund schnappt irgendwie diese Veränderung im Feld auf und weiß, daß sie unterwegs sind.

TERENCE: Die Vorderflanke der probabilistischen Wellen des Zufalls.

RUPERT: So ähnlich würde mein Modell aussehen. Aber es gibt Phänomene, mit denen dieses Modell nicht klarkommt – zum Beispiel die präkognitiven Kräfte von Haustieren, die offenbar Katastrophen vorhersehen, vor Erdbeben warnen können und so weiter. Ich habe über ein Dutzend Briefe von Menschen erhalten, in denen von Haustieren die Rede ist, die im Zweiten Weltkrieg in London vor Luftangriffen gewarnt hätten, und zwar zehn bis zwanzig Minuten bevor die Alarmsirenen ertönten, so daß die Besitzer stets als erste in die Luftschutzbunker eilten. Man hat mir sogar von Hunden berichtet, die im voraus auf das Herannahen der V-2-Raketen reagierten, die die Deutschen auf London abfeuerten. Da es sich um Überschallraketen handelte, können die Hunde sie wohl kaum vorher gehört haben, nicht wahr?

TERENCE: All diese Dinge haben etwas mit Zeit zu tun, wie ich behaupte.

RUPERT: Natürlich. Daher erwähne ich sie auch. Sie passen besser in dein Modell als in meins.

RALPH: Nein, nein. Das Modell von Terence ist durchaus kompatibel mit deinem. Zumindest wenn du das Wort «Resonanz» ernst nimmst, also an eine Wellenbewegung denkst. Die Wellenbewegung findet nicht in einem Augenblick statt. Sie erfordert ein räumlich und zeitlich ausgedehntes Feld. Es gibt eine Mindestausdehnung, bei der eine Wellenbewegung sogar von einer anderen Wellenbewegung erkannt werden kann, so daß ein Ineinander von kleinen Raum-Zeit-Mustern über ein beachtliches Stück Raum und Zeit vorausgesetzt werden muß, sobald du das Wort «Resonanz» verwendest – und genau davon spricht Terence. All diese Phänomene weisen eine zeitliche Ausdehnung auf, und zwar dergestalt, daß der Anfangsteil einer zeitlichen Ausdehnung eine Welle ist, die mit dem Schlußteil einer anderen Wellenlänge verkettet sein und zusammen mit ihr eine Art Modell bilden könnte. Das ist vermutlich die simpelste Art und Weise, die Präkognition, das Vorwissen, im Kontext von morphogenetischen Feldern oder morphischer Resonanz zu begreifen.

RUPERT: Ich danke dir. Das ist wirklich ein Durchbruch. Ich habe diese Lösung nicht gesehen, aber im nachhinein liegt sie eigentlich auf der Hand. Doch dann würde eine Menge von der Frequenz des Rhythmus abhängen. Da ist zum Beispiel der Tagesrhythmus. Tageszyklen von Schlafen und Wachen sind die Basis einer sich von einem Tag zum andern erstreckenden Resonanz, und dies könnte zu präkognitiven Erkenntnissen ein paar Stunden, vielleicht sogar ein paar Tage im voraus führen. Und in der Tat beziehen sich die meisten menschlichen Vorahnungen, wie in dramatischen Warnträumen über bevorstehende Flugzeugabstürze oder andere Katastrophen, auf bestimmte Ereignisse Minuten, Stunden oder höchstens ein paar Tage im voraus. Das gilt auch für Vorahnungen von Haustieren. Aber je ferner das Vorgeahnte ist, desto länger ist die zugrundeliegende Resonanzwellenlänge – da gibt es Wellenlängen von menschlichen Generationen vom Auf- und Untergang von Weltreichen oder gar von so gewaltigen Gaia-Zyklen wie Eiszeiten. Und ich vermute, daß diese langwelligen Resonanzen normalerweise weniger Aufmerksamkeit auf sich ziehen als die kurzwelligen.

TERENCE: Daher gibt es ja auch nur einen Nostradamus, während dir jeder Hund oder jede Katze im voraus sagen kann, was in zehn Minuten passieren wird.

RALPH: Damit sind wir bei der ganzen Problematik morphischer Wellenlängen angelangt. Ich weiß nicht, ob wir schon über morphische Wellenlängen gesprochen haben.

RUPERT: Nein, noch nicht.

RALPH: Wellenlängen sind eine wunderbare neue Möglichkeit, Schwingungsphänomene zu betrachten, sowie eine Möglichkeit, die vollkommen kompatibel mit den Ideen der fraktalen Geometrie ist. Da hast du nämlich Grundwellenlängen, die du zur Erzeugung großer Wellen miteinander addierst, und dann unterscheiden sie sich nicht nur nach ihrer Frequenz, sondern eher nach ihrer Größenordnung, etwa nach ihrer Amplitude und so weiter. So gesehen, habt ihr es also mit einer Art von morphischer Mutterwellenlänge zu tun, mit der ihr – nur durch eine Änderung der Größenordnung – kleinere und größere morphische Wellenlängen erzeugen könnt. Addiert ihr diese Wellenlängen, samt ihren unterschiedlichen Amplituden, so ergibt sich ein großes Wellenmuster.

RUPERT: Ein fraktales Wellenmuster.

RALPH: Richtig. Und genau die Tatsache, daß Schwingungen auf diese Weise aus Wellenlängen bestehen könnten, erklärt, warum die Vorstellung nicht abwegig ist, daß es über alle Größenordnungen hinweg Ähnlichkeiten gibt – vorausgesetzt, du betrachtest das Ganze aus dem Blickwinkel der fraktalen Geometrie. Wenn wir also eine Welle vor uns hätten, sagen wir, ein morphisches Raum-Zeit-Muster, das typisch ist für einen Gedanken wie das quasi historische Ereignis eines sich nähernden Bombers oder Geschosses, und diese Welle hätte eine Resonanz mit der Geistwelle eines Haustiers oder eines anderen Tiers, dann hätten diese Wellen im Resonanzvorgang vermutlich etwas mit ein oder zwei bevorzugten Wellenlängen zu tun, die Komponenten der großen Welle der Geschichte sind. Diese bevorzugte Welle wäre dann schon mehr oder weniger kompatibel und resonant mit einem mentalen Schwingungsfeld dieses Haustiers. Daher könnte es einen Spezialisten für eine Zwei-Tage-Präkognition geben, einen anderen Spezialisten für eine Zwei-Jahres-Präkognition und so weiter, und das hat mehr oder weniger etwas mit deinem Wellenlängenspektrum zu tun, mit den morphischen Wellenlängen.

RUPERT: Aber wie kann es eine Resonanz mit Wellen geben, die erst noch kommen werden?

RALPH: Stell dir ein Wellenpaket vor, das sich fortsetzt und eine gewisse Ausdehnung in der Zeit hat, und einige dieser Wellen haben eine größere Ausdehung in der Zeit.

RUPERT: Wie Tageswellen.

RALPH: Zum Beispiel die Tagesfrequenz. Ein Insekt, das nur einen Tag lang lebt, würde ganz große Schwierigkeiten haben, mit einer Tageswellenlänge in Resonanz zu treten. Es würde sich auf höhere Frequenzen spezialisieren.

TERENCE: Im Prinzip funktioniert die Zeitwelle genauso.

RALPH: Das sag ich ja. Ich sehe nämlich, daß sich eure Anschauungen hier überlappen, und darum will ich die Diskussion noch mehr anheizen.

TERENCE: Aber da möchte ich dich mal fragen, Rupert, was das für das morphogenetische Kausaltitätsphänomen besagt.

RUPERT: Die morphischen Wellenlängen und so weiter?

TERENCE: Die Kommunikation zwischen Tieren und ihren Besitzern.

RUPERT: Mit der morphischen Resonanz als solcher läßt sich nicht erklären, wie ein Haustier die Rückkehr seines Besitzers im voraus weiß. Haustiere können reagieren, indem sie auf ihren Besitzer von dem Zeitpunkt an warten, in dem er viele Kilometer entfernt zur Heimkehr aufgebrochen ist, sogar zu einer völlig ungewöhnlichen Zeit. Die morphische Resonanz stellt primär einen Einfluß aus der Vergangenheit dar und würde nur eine allgemeine Rolle bei der Stabilisierung des Feldes oder Bandes zwischen dem Haustier und dem Besitzer spielen. Aber die meisten Experimente in meinem Buch *Sieben Experimente* haben in erster Linie etwas mit den räumlichen Aspekten morphischer Felder zu tun. Ich sehe nun dank der Art und Weise, wie Ralph sie zusammengebracht hat, daß ich in meinem Kopf die zeitlichen und die räumlichen Aspekte morphischer Felder zu stark getrennt habe.

TERENCE: Nun, alle transzendentalen und asketischen Traditionen legen großen Wert auf Schweigen, Isolation, Kontemplation, Meditation, denn dadurch soll man die Fähigkeit erlangen, Zugang zu einer unermeßlichen, vollständigeren und spirituell ganzheitlichen Natur zu finden. Vielleicht sind wir buchstäblich aus der Zeit und in die Geschichte hineingefallen. Die Geschichte bildet eine Art von Damm gegen die Tier-Zeit, die unter der Ägide der Sprache, der gesprochenen Sprache, existiert, während die übrige Natur sich in einer ganz anderen Dimension aufhält, und all die Dinge, die für uns so geheimnisvoll sind, die gegen die Kausalität zu verstoßen oder sich in einer gewissen Entfernung abzuspielen scheinen – all diese Dinge hängen mit der Tatsache zusammen, daß wir weitaus mehr, als wir wahrhaben wollen, Opfer einer falschen, von unseren Sprachen, unserem Alphabet erzeugten Wahrnehmung der Zeit sind. Ich weiß nicht genau, was die Ursache dafür ist, aber es liegt auf der Hand, daß wir in der Natur auf einzigartige Weise die Gefangenen der Sprache sind.

RALPH: Meinst du, daß die übrige Natur mehr Zeit hat?

TERENCE: Die übrige Natur kann ihr Ende im Eschaton (siehe dazu Näheres Seite 161 ff. und 177 ff.) erkennen.

RUPERT: Wieso?

TERENCE: Platon hat gesagt, Zeit sei das sich bewegende Abbild der Ewigkeit. Tauschen wir zwei Worte aus und sagen, Geschichte ist das sich bewegende Abbild der Biologie. Wir sind in der Geschichte. Es geht darin um nichts anderes als um einen Prozeß, um das, wo wir gewesen sind, wohin wir gehen, wo wir sind. Die Geschichte ist dieser mikrodünne Sektor, der sich durch die Raum-Zeit bewegt. Mittlerweile haben wir Zugang zum Hyperraum durch Psychedelika und gehen davon aus, daß sich die Natur außerhalb der Geschichte aufhält. Oder nicht?

RUPERT: Nein, für uns vollzieht die Natur eine evolutionäre Entwicklung, und sie hat eine Geschichte, die sich in den Fossilien enthüllt.

TERENCE: Nun, nach unserem Maßstab ist sie statisch. Aber letzten Endes hast du recht. Du kannst die Bewegung der Erde nicht spüren, und doch wissen wir, daß sie sich bewegt, und ich glaube nicht, daß du die Geschichtlichkeit der Biologie spüren kannst, auch wenn uns die Evolution lehrt, daß sie eine Geschichtlichkeit hat. Die Sprache enthüllt immer wieder unsere verzweifelte innere Dynamik, und unser Befangensein darin hat uns eine tiefgehende Bifurkation* zwischen unserem inneren und unserem äußeren Zeiterleben beschert.

RALPH: Und warum sollte die Sprache die Funktion haben, uns von der Geschichte und von der Ewigkeit zu trennen?

TERENCE: Weil sie lügt.

RALPH: Sie kennt doch Zeitformen – Vergangenheit, Gegenwart und Zukunft.

TERENCE: Aber sie ist partikulär. Und die Natur ist nicht partikulär. Du wirst die Natur nie verstehen, solange du sie in ihre Teile zerlegt, und die Sprache kann nicht anders verfahren.

* Siehe dazu die Ausführungen über die Bifurkationstheorie in Sheldrake, McKenna, Abraham: *Denken am Rande des Undenkbaren*, Bern 1993, Seite 59.

RUPERT: Die Natur ist doch auch partikulär. So haben zum Beispiel Blüten der Familie der Liliengewächse Blütenblätter, die in Dreiergruppen angeordnet sind. Die Blütenblätter, Kelchblätter und andere Blütenteile sind quantisiert.

RALPH: Ja, sie sind sehr partikulär.

TERENCE: Jetzt sprechen wir hier die Sprache der Fraktale.

RALPH: Ich meine, diese Sprache sollte irgendwie in der Lage sein, die Ausdehnung und Vernetzung von allem und jedem zu veranschaulichen, aber vielleicht ist die Sprache, wie sie sich in unserem Kontext entwickelt, irgendwie im Hinblick auf solche Bilder verarmt, während sie andere betont.

TERENCE: Genau. Darum fühlen wir uns ja alle von der visuellen Technik so angezogen. Sprache ist eine verarmte Metapher. Doch wir haben das Gefühl, daß uns der Ausweg aus der Sprachfalle durch das Bild gelingt.

RALPH: Nicht durch das musikalische Erleben? Es ist ja die Antithese zu all diesen sprachlichen Beschränkungen. Die meisten Menschen verbringen doch jeden Tag ganz schön viel Zeit damit, sich Musik im Radio oder auf Schallplatten anzuhören. Und dieses Erleben übersteigt das der Sprache. Wir haben keine Worte für das musikalische Erleben, und doch haben wir keine Schwierigkeiten, es uns vorzustellen. Wir können Melodien wiedererkennen, die wir früher gehört haben. Und eine Melodie läßt sich nicht an einer einzelnen Note wiedererkennen. Du brauchst dazu die ganze Tonfolge. Dazu gehört zwar nicht eine Ewigkeit, aber eine ziemlich lange zeitliche Ausdehnung in einer Melodie, die in unseren kognitiven Apparat paßt.

TERENCE: Ich glaube, außerhalb unserer linguistischen Programmierung ist Klang Licht und Licht ist Klang. Irgendwie hat in unserer linguistischen und neurologischen Programmierung eine Bifurkation dieses Prozesses stattgefunden.

RALPH: Vielleicht war Sprache ursprünglich wie Musik. Du hast die Melodie und den Text gehabt, und als dann die Melodie durch Zufall verlorenging, hast du nur noch den Text gehabt. Ich meine, die Veden wurden doch eher gesungen als gelesen. Ich habe einmal etwas über die Aussprache im alten Griechenland gelesen, wie sie von Altphilologen rekonstruiert wurde. Es hörte sich an wie Gesang. Griechische Dichtung wurde vorgetragen. Niemand las ein Gedicht. Erst später gewöhnten es sich die Menschen an, stumm zu lesen, ohne etwas zu sagen. Somit ist diese Degeneration der musikalischen Sprache in stumme Sprache etwas ganz, ganz Neues in unserer Entwicklung. Es gibt so viel, was wir vergessen haben und was so schwer wiederzuerlangen ist.

TERENCE: Deswegen ist der Versuch einer Wiederbelebung des Archaischen ja so wichtig.

RALPH: Die Melodie ist im Grunde prälinguistische Sprache. Unsere prälinguistische Geschichte recht weit zurück in die Prähistorie des Homo erectus und so weiter. Und wenn wir von der Kommunikation zwischen Hunden und ihren Besitzern sprechen, dann geht es dabei vielleicht um eine Wiederentdeckung im tiefen Unbewußten dieser prälinguistischen Modi, die die natürlichen Modi des mentalen Feldes sind.

TERENCE: Die australischen Aborigines sagen, daß man die Welt ins Sein singt.

RUPERT: Singen spielt aber normalerweise keine sehr explizite Rolle in der Beziehung zwischen Hunden und ihren Besitzern.

TERENCE: Aber kein Mensch hat soviel Erfahrung mit Hunden seit prähistorischer Zeit wie die australischen Aborigines. Sie sind die Bewahrer der Gnosis einer Traumzeit, einer alternativen Dimension außerhalb der Geschichte. Alles dreht sich um Zeitmodi. Wenn du die Zeit in diesem ahistorischen Modus wahrnimmst, dann erlebst du wieder eine Natur, die zum Leben erwacht, die voller Intentionen, Intelligenz und Informationen ist. Falls du die Zeit nicht so siehst, erscheint die Natur wie tot. Sie ist dann nur noch eine Quelle der Ausbeutung. Meinst du nicht?

RALPH: Ach, ich glaube schon, daß Hunde manchmal singen. Sie singen zur Musik, sie heulen nachts. Kojotenrudel heulen die ganze Nacht in Wechselchören. Und es könnte durchaus an der Art liegen, wie wir mit unseren Haustieren sprechen, daß sie eine Musik darin wahrnehmen.

TERENCE: Dabei fällt mir ein, daß Robert Graves die Existenz einer Art von Ursprache zu beweisen versuchte, einer ursprünglichen dichterischen Sprache, die direkt die Gefühle ansprechen konnte. Menschliche Gefühle konnten durch schamanische Poesie angesprochen werden. Er verfolgte die Funktion der Sprache immer tiefer zurück bis in die Funktion des Gedichts – in das, was Dichtung zu beschwören sucht.

RUPERT: Aber was Hunde und Katzen aufzuschnappen scheinen, sind bloße Intentionen des Menschen. Die Tiere spüren, wenn ihre Besitzer sich anschicken, in Urlaub zu gehen, noch bevor mit dem Packen begonnen wurde. Sie spüren es, wenn man sie zum Tierarzt bringen will, und verstecken sich von diesem Augenblick an. Hunde merken die Absicht, daß sie Gassi geführt werden sollen, schon eine Weile vor dem eigentlichen Aufbruch. Hunde können so dressiert werden, daß sie nicht nur auf Worte und Pfeiftöne reagieren, sondern sogar auf stumme, mentale Kommandos. Viele Hunde und Katzen scheinen zu wissen, wann ein Mensch, an den sie gebunden sind, stirbt, selbst wenn dies weit weg geschieht. Sie scheinen empfindlich zu sein für Veränderungen in dem Feld, das sie mit ihren Besitzern verbindet. Dieses Feld wird von den Aktivitäten, Emotionen und Intentionen ihrer Besitzer beeinflußt – ob sie nun zurückkommen oder weggehen, ob sie sterben, Schmerzen oder Probleme haben oder ob sie spielen wollen. Die Tiere scheinen indessen nicht spezielle Botschaften aufzuschnappen, sondern eher allgemeine Veränderungen in der Spannung des Feldes ...

RALPH: Im mentalen Feld.

RUPERT: Mental ist vielleicht nicht das richtige Wort. Wir haben es hier mit einem sozialen Feld zu tun, das Tiere miteinander, wie in einer Vogelschar, oder Menschen und Tiere verbindet, wie im Fall der Haustiere und ihrer Menschenfamilien.

TERENCE: Es heißt ja immer, daß Schamanen mit den Tieren sprechen können und daß Tiere einen Schamanen aufsuchen. Ich habe sogar Geschichten von heute lebenden Ayahuasca-Gruppen gehört, die nachts von Hirschen und Waschbären förmlich heimgesucht wurden, die sich ihnen anschließen wollten.

RALPH: Wenn du diese Ideen ernst zu nehmen beginnst, dann sehe ich dich schon zu einem echten Vegetarier werden.

TERENCE: Aber Ralph, die intelligentesten Wesen, die wir kennen, sind doch Pflanzen.

RUPERT: Ein Gebiet, das wir noch nicht so genau untersucht haben, sind die evolutionären Verbindungen zwischen Menschen und Tieren. Lange bevor Tiere domestiziert wurden, schenkten die Menschen den wilden Tieren besondere Aufmerksamkeit, und sei es auch nur, damit sie sie um so besser jagen konnten. Und lange bevor der Mensch die Szene betrat, muß es zwischen Raubtier und Beute generell eine enge wechselseitige Beziehung gegeben haben. Und ihre Reaktionen aufeinander müssen sich entwickelt haben und der natürlichen Auslese unterworfen gewesen sein.

TERENCE: Die Menschen nehmen in alldem eine interessante Position ein, denn alles deutet darauf hin, daß wir bis vor gar nicht allzu langer Zeit noch Vegetarier waren, von Früchten lebten, in Bäumen hausten und dann erst Allesfresser wurden und Tiere zu jagen begannen. Ein vegetarisches Tier hat keinen Grund, sich in irgendeiner Weise um das Verhalten anderer Tierarten zu kümmern. Aber für ein Raubtier ist es sehr wichtig, das Verhalten der Beute zu studieren, und dieses Studium stellt im Grunde eine Art von Identifikation mit der Beute dar. Dieser Prozeß könnte ein Impuls in Richtung der Evolution des Bewußtseins gewesen sein – das Verhalten anderer Tiere mußte mental nachvollzogen werden, damit man sie zu fressen bekam. Ein Pferd und eine Kuh kümmern sich um dergleichen nicht. Aber ganz sicher beweisen jagende Tiere Intelligenz, wie wir das naiverweise nennen.

RALPH: Ich denke schon, daß Vegetarier Grund haben, aufmerksam mit anderen Tierarten zu kommunizieren, und das hat etwas mit dem Kampf um die Ressourcen zu tun. Da gibt es, sagen wir mal, einen Baum voller Früchte, und die Mungos essen diese Früchte gern, und falls sie zuerst an sie geraten, werden wir keine mehr kriegen und müssen verhungern. Daher müssen wir wissen, wann sich der Mungo-Trupp aufmacht, um sich die auch für uns lebensnotwendigen Früchte zu sichern.

TERENCE: Aber als Affe, der sich mit Mungos um Früchte streitet, würdest du nicht das Verhalten der Mungos studieren, sondern den Reifeprozeß der Baumfrüchte.

RALPH: Gut, aber dennoch möchtest du wissen, wo und wie weit weg die Konkurrenz ist, wieviel Zeit du hast, dir die Früchte zu schnappen und einzuverleiben. Und wenn du ein hungriges Raubtier bist und ein Tier fangen und essen willst, mußt du wissen, wo es ist, auch wenn es nicht sichtbar ist.

TERENCE: Vielleicht besteht das schamanische Bindeglied zwischen Menschen und Tieren darin, daß das Bewußtsein anfangs sich nicht seiner selbst bewußt war. Es war das Bewußtsein von etwas anderem, von Nahrung. Erst später nahm dieses Bewußtsein die Position der Selbstidentität innerhalb der psychischen Struktur ein. Den frühesten bewußten Wesen war es nicht bewußt, daß sie Bewußtsein besaßen. Es war ihnen nur bewußt, daß die Nahrung bewußt war.

RALPH: Das Selbstbewußtsein hat keinen evolutionären Vorteil, nicht wahr? Wozu ist das Selbstbewußtsein dann gut?

RUPERT: Einer bestimmten Theorie zufolge sind seine Ursprünge sozialer Natur. In intensiv miteinander verbundenen sozialen Gruppen ist es von großem Vorteil, das Verhalten anderer zu verinnerlichen und zu lernen, wie sich ihre Stimmungen und Verhaltensweisen vorhersagen lassen.

RALPH: Also ist das Selbstbewußtsein im Grunde eine degenerierte Form des Bewußtseins eines Herdenfelds.

RUPERT: Es ist eine Form, bei der es zu intensiven individualisierten oder personalisierten Wechselbeziehungen innerhalb der Gruppe kommt, wie in Familiengruppen von etwa acht Individuen. Du hast hier ein verinnerlichtes Modell der anderen, die ein Teil deiner Welt werden. Sie wiederum haben ein verinnerlichtes Modell von dir. Und indem du Modelle von anderen hast, erwirbst du eine Fähigkeit, die später dazu dienen kann, ein Modell von dir selbst zu entwerfen. Das entspricht in etwa dem, was Terence über Raubtiere sagte, die ein Modell von ihrer Beute haben – nur geht es hier darum, daß man zunächst Modelle von anderen Mitgliedern der sozialen Gruppe entwirft und dann von sich selbst.

TERENCE: Aber ein Schamane ist jemand, der über die intensive Gabe verfügt, mit Tieren zu kommunizieren, selbst über Entfernungen hinweg, weil die Hauptfunktion des Schamanen darin besteht, das Wild ausfindig zu machen. Wie einfach könnte dies sein, wenn er die Welt mit den Augen der Beute betrachten könnte! Ein Schamane ist per definitionem ein Spezialist auf dem Gebiet der Mensch-Tier-Kommunikation und in diesem Sinne vielleicht einem prälinguistischen Zustand des Geistes näher. Während sich die übrige Gesellschaft sozialisiert, sich zu engen Gruppen zusammenschließt, die sich der normalen Sprache bedienen, ist der Schamane berauscht und singt und kommuniziert mit den Tieren. Der Schamane ist das exemplarische Beispiel einer archaischeren Seinsweise, er ist kein soziales Wesen. Er ist eher selbst fast ein Tier.

RALPH: Ein Rudiment.

TERENCE: Ein Rudiment. Und ein Mittler, und zwar nicht nur in der Welt der Menschen und Seelen und Träumer, sondern auch ein Mittler zwischen der Menschenwelt und der Tierwelt.

RUPERT: Genau das war sicher auch der einzige Schamane, bei dem ich mich je aufgehalten habe, und zwar im Stamm der Saora im indischen Orissa. Das Dorf befand sich unten im Tal, aber er lebte oben auf einem Felsen, wo der Dschungel begann. Er war oft im Wald und fing Tiere oder beobachtete sie einfach. Er lebte am Rand – hinter ihm war der Dschungel, unter ihm das Dorf. Er befand sich buchstäblich an der Grenze zwischen beidem.

TERENCE: Dieses Phänomen der Wechselbeziehung zwischen Tier und Mensch muß tiefe archaische Wurzeln haben. Das interessiert mich sehr, da es zur Wiederbelebung des Archaischen gehört.

7 *Fraktale*

RALPH: Es geht hier gewissermaßen um ein Epos in vier Teilen, das den Titel trägt *Fraktale in meinem Kopf*.

Erster Teil: Der Sandstrand. Auf der Karte sehen wir eine exakte Kurve zwischen Hawaii und dem Pazifischen Ozean eingezeichnet. Aber wenn wir ans Meeresufer hinuntergehen, haben wir einen weiten Sandstrand vor uns. Er bildet die Grenze zwischen Land und Meer, aber diese verläuft keineswegs in einer exakten und immer gleichbleibenden Kurve. Da gibt es Wasserflächen im Sand und Sandbänke im Wasser. Je genauer wir uns den Stand ansehen, desto mehr verschwimmt seine Begrenzung. Das bedeutet: Der Übergang vom Land zum Meer ist ein Fraktal. Er ist räumlich chaotisch. Und er ist natürlich. Die Milchstraße kann man als einen Sandstrand am Himmel bezeichnen. Auch sie ist natürlich. Die Natur konfrontiert uns überall mit der fraktalen Geometrie und der Chaostheorie.

Zweiter Teil: Zwei Straßen verzweigen sich in einem gelben Wald: Das typische Muster des Chaosspiels.

Dynamische Systeme besitzen Attraktoren und Becken. Stellt euch ein dynamisches System mit zwei Attraktoren vor, einem roten und einem grünen. Egal, wo ihr anfangt – ihr werdet zu einem der beiden Attraktoren hingezogen. Führt ein Experiment durch, indem ihr eine Startposition wählt, dann den Regeln des Systems folgt, um herauszufinden, welcher Attraktor euer Ziel ist. Markiert die Startposition je nach dem Ergebnis rot oder grün. Nach einer Million Experimente von verschiedenen Startpositionen aus ist das ganze Gebiet meist rot und grün gefärbt. Der rote Bereich wird das Attraktionsbecken des roten Attraktors genannt, der grüne das Attraktionsbecken des grünen Attraktors. Das auf diese Weise rot und grün gefärbte Gebiet nennt man das Beckenbild des Systems. Zwischen Rot und Grün befinden sich Beckengrenzen, die man gelb markieren könnte. Die gelben Grenzen in einem generischen dynamischen System sind Fraktale: eine weite, lockere Zone eines Gemischs von Rot und Grün – ein gelber Wald. Das Pendant zu dem zuvor beschriebenen Sandstrand.

Dritter Teil: Fraktale in meinem Kopf.

Diese beiden kleinen Mathematiklektionen lassen sich auf die Psychologie anwenden. Stellen wir uns vor, daß der Geist eines Menschen seinen eigenen Raum hat. Damit folgen wir Kurt Lewin, einem der Begründer der Sozialpsychologie, der auch die Idee der Feldtheorie in die Psychologie einführte. Das Feld operiert laut Lewin in diesem mentalen Raum, den er den «Lebensraum» nannte. Der mentale Prozeß war für ihn ein dynamisches System oder Feld, das im Lebensraum am Werk war. Somit können wir die mehrfachen Attraktoren und Becken des psychologischen Feldes als die stabilen Zustände des Geises ansehen. Und ich behaupte nun, daß in einer normalen Psyche die Beckengrenzen dicke Fraktale sind, die eine Art Porosität zwischen diesen Komponenten der Psyche und damit eine Integration ermöglichen. Aber in einem anderen, weniger normalen oder durchschnittlichen Geist können die Beckengrenzen wie Betonwände oder eiserne Vorhänge sein. Dies ist dann ein dynamisches Modell für das Syndrom der multiplen Persönlichkeit. Es entspricht in etwa dem Sandstrandmodell. Aus der Perspektive dieses Modells gesehen, stammt das Pathologische daran aus der Chaosarmut in den Beckengrenzen. Ich habe es das *Multiple Personality Dischaos*, abgekürzt *MPD*, getauft. Wären wir Psychotherapeuten, könnten wir versuchen, uns eine Behandlung auszudenken, die die fraktale Dimension der Beckengrenzen verstärkt, und zwar auf der Basis der Chaostheorie und der fraktalen Geometrie, diesen neuen Zweigen der nacheuklidischen Mathematik.

Vierter Teil: Fraktale in der Weltseele.

Statt hier mit der Individualpsychologie fortzufahren, möchte ich mir die Chaostheorie unter diesem Gesichtspunkt vornehmen. Das kollektive Bewußte und Unbewußte unserer Gesellschaft ist ein enorm komplexes System, das Kurt Lewin im Paradigma der Lebensfelder beschrieben hat. Die Chaostheorie schlägt auch für dieses riesige System ein Sandstrandmodell vor. Somit haben Grenzen, die zu fest sind, beispielsweise eiserne Vorhänge, vielleicht etwas mit Weltproblemen zu tun und könnten mit Therapien auf der Basis der neuen Mathematik behandelt werden. Für ein gesundes Gesellschaftssystem müssen Chaos und Kosmos jedenfalls gut ausgewogen sein.

RUPERT: Ich möchte versuchen, das zusammenzufassen, was du gesagt hast, Ralph, und sehen, ob ich noch etwas dazu beitragen kann.

Persönlichkeiten und natürlich auch soziale und internationale Beziehungen, ebenso das Verhaltensphänomen von Brieftauben verteilen sich auf verschiedene Becken, und wir können uns das bildlich vorstellen als eine Landschaft, die verschiedene Täler enthält. Befindet sich etwas in einer bestimmten Region, wird die Kugel in ein bestimmtes Tal hinunterrollen. Jedes dieser Becken stellt eine andere Art von Unterpersönlichkeit dar. Innerhalb einer ehelichen Beziehung stellt jedes Becken das dar, was wir normalerweise eine Persönlichkeit nennen, und jede von ihnen hat Unterpersönlichkeiten in sich. Du hast ja schon darauf hingewiesen, daß Persönlichkeiten aus verschiedenen Unterpersönlichkeiten bestehen, eine zur Zeit sehr modische Auffassung. Alles spricht von Unterpersönlichkeiten. So ist der jungianische Psychologe James Hillman der Meinung, daß wir eine polytheistische Psychologie brauchen, in der all die verschiedenen Götter und Göttinnen nicht nur die Archetypen darstellen, sondern in gewisser Hinsicht real sind. Hillman ist der Ansicht, wir seien allesamt zu unterschiedlichen Zeiten von verschiedenen Gottheiten besessen. Wir sind also nicht eine einzelne Persönlichkeit mit verschiedenen Funktionen, sondern eine Art von Emulsion aus einer Reihe verschiedener Persönlichkeiten. In Amerika ist die multiple Persönlichkeit zur Zeit gerade «in» – die Leute sind nicht nur von Serienkillern fasziniert, sondern besonders von Serienkillern mit einer multiplen Persönlichkeit. Überall treffen wir diese multiplen Modelle an, und deins ist nur eins davon. Alle geben offenbar zu verstehen, daß wir vom Monotheismus wegkommen müßten, der in der Psychologie durch die Vorstellung vom zentralen, dominierenden Ego widergespiegelt wird. Wir sollten demokratischere Modelle konstruieren, die eine Art von Basisdemokratie aufweisen, mit all diesen verschiedenen Persönlichkeiten.

Ein zweiter Ansatz in deinen Ausführungen ist wohl, daß die Grenze zwischen diesen verschiedenen Becken keine gerade Linie oder feste Wand ist, sondern vielmehr eine fließende fraktale Grenze, nämlich eine mit vielen Ein- und Auslässen, Kurven und filigranen Netzen und Mustern. Bei einer derartigen Grenze ist es ganz leicht, sich von einem Becken in ein anderes zu bewegen, weil du nie genau weißt, wo du bist, und Grenzen überschreiten kannst, ohne es zu merken, während eine starre Wand es erschwert, vom einen zum anderen zu gelangen.

Ich möchte gern den Gedanken von der Pluralität der Modelle aufgreifen. Das Modell von Terence ist monotheistisch, da er ein einzelnes Eschaton hat, und damit sind wir sogleich beim Thema Polytheismus contra Monotheismus. Meiner Ansicht nach ist der Polytheismus in seinen derzeit existierenden Formen tatsächlich kein radikaler Polytheismus. Er bezieht sich nämlich auf eine Pluralität mit einer alles umfassenden Einheit jenseits von ihr. Ich möchte dich fragen: Bist du für einen radikalen Polytheismus und bestreitest mithin eine allumfassende Einheit?

RALPH: Nein. Ich habe vor allem auf die Starrheit von Grenzen zwischen den Dingen hingewiesen. Ich meine nämlich, wir sind uns alle darin einig, daß es eine Pluralität in der Religion, im Leben, im Geist, im Bach, im Himmel und so weiter gibt. Wichtig ist nun die Starrheit der Grenzen zwischen diesen Dingen. Wenn du an einem

Gottesdienst im Shiva-Tempel teilnimmst, darfst du dann auch in den Rama-Tempel gehen? Mußt du an *einen* Gott glauben und darfst du niemals die Existenz von anderen Göttern einräumen? Damit wird etwas geleugnet, was sogar für Kinder offenkundig ist, und unweigerlich geht damit eine Auflösung der Persönlichkeit einher.

In diesem religiösen oder mythologischen Kontext ist es angemessen, in Shiva und anderen Konzepten dieser Art Attraktoren zu sehen. Es gibt vielfache Attraktoren. Wenn man die Bevölkerung des Planeten in allen Zeiten zusammennimmt, dann gibt es zig Milliarden von Attraktoren, und manche Menschen haben einen, andere haben zwei oder drei aufgesucht und so weiter. Eine Offenheit gegenüber allen Attraktoren, würde ich sagen, ist so etwas wie die Grundbedingung für die Stabilität und Langlebigkeit einer Kultur oder für die Gesundheit eines Individuums. Diese Idee basiert auf einer Kosmologie, in der der Bach die gleiche Morphologie hat wie der Himmel, der wiederum die gleiche Morphologie wie irgendein abstraktes mathematisches Objekt hat. Im Lichte dieser Idee sagt unser Naturerleben, daß starre Wände sehr instabil sind.

RUPERT: So instabil sind sie nun auch wieder nicht. Unsere eigene Haut, beispielsweise, enthält Poren und ist nicht absolut glatt. Gleichwohl bildet sie eine klare funktionale Grenze, und überall in der Biologie stößt du auf solche funktionale Grenzen. Um jede Zelle gibt es eine Zellmembran. Sie ist keine unendlich durchlässige Grenze.

RALPH: Sie enthält kleine Löcher mit Pumpen darin, die für bestimmte Dinge in der Umwelt konstruiert sind. Die Durchlässigkeit ist gewissermaßen Teil einer Struktur, die starr mit dieser Spezies verbunden ist. Würden diese Löcher mit Kaugummi oder sonstwas verstopft, dann würde die Zelle natürlich augenblicklich sterben.

RUPERT: Natürlich bestreitest du nicht, daß Grenzen von Bedeutung sind. Dein ganzes Modell basiert ja auf Grenzen, nicht wahr?

RALPH: Das ist richtig. Es hat etwas damit zu tun, daß sie krumm sind.

RUPERT: Ihre Krummheit ist das mathematische Modell für ihre Durchlässigkeit.

RALPH: Genau.

TERENCE: Das kommt mir doch außerordentlich obskur vor. Die Natur ist fraktal. Dies ist eine neue Entdeckung, und es ist eine sehr wichtige Erkenntnis, aber sie macht einige unserer früheren Leistungen nicht zunichte. Ich denke dabei an die ganze Arbeit, die aufgewendet wurde, um zu zeigen, daß die Systeme der Natur auch hierarchisch sind. Man muß ja nicht gleich das Kind mit dem Bade ausschütten, sondern könnte vielleicht besser sagen, sie sind fraktal und hierarchisch. Damit sind wir wieder bei Whiteheads Begriff von den eigensinnigen Tatsachen angelangt, die, wie er wohl sagt, wie Rosinen des Widerstands in diesen fraktalen Ozean der unbegrenzten Durchlässigkeit eingebettet sind. Ich denke, um all diese Psychogrenzen und -membranen gibt es letzten Endes einen Rahmen, der allumfassend und begrenzt ist. Die Form des Monotheismus, dem ich vermutlich anheimgefallen bin, ist eine Art von neuplatonischer Pyramide aus immer höherreichenden abstrakten Hypothetisierungen, die in das «Eine» münden. Wenn wir mit dem Eschaton das Nichtvorhandensein von Grenzen meinen, dann sagen wir damit nichts anderes, als daß die Fraktalisierung der Realität letzten Endes in einem so feinen Maßstab abläuft, daß sich vom Standpunkt des Beobachters aus die Grenzen völlig aufgelöst haben. Oder die Grenze und das umgrenzte Ding sind so homogen geworden, daß es nicht mehr sinnvoll ist, von Grenze und Medium zu sprechen. Ich stelle mir das wie eine Art von extrem gesprenkelter Flüssigkeit oder Oberfläche vor, wo jedes Gebiet neben einem ebenso in sich geschlossenen anderen Gebiet liegt, etwa wie bei den anderen Arten von Diagrammen, die man erhält, wenn man vierfarbige Abbildungsprobleme in die vierte oder fünfte Auflösungsstufe überführt. Da hast du diese außerordentlich komplizierten Strukturen, in denen jeder Punkt neben der Grenze liegt, die ihn von Punkten trennt, welche irgendwie als «andere» definiert worden sind. Ich weiß nicht, vielleicht sind wir uns ja hier völlig einig.

RALPH: Was wir hier in deiner Darstellung vor uns haben, ist eine Spekulation, die auf einer Spekulation errichtet ist, die wiederum auf einer Spekulation errichtet ist und schließlich aus einer Art absolutem und reinem Glauben herrührt. Das «Eine» war für Plotin etwas, dem man sich forschend nähern, das man aber nie wirklich erreichen konnte. Wir müssen, nach den Formulierungen antiker Experten, davon ausgehen, daß das Eine ein Glaubenspartikel ist, und selbst der am weitesten im Geiste reisende Schamane ist nicht weitergekommen. Darüber hinaus ist die Annahme der Existenz des «Einen» bestenfalls reiner gläubiger Monotheismus. Gott wird «Der Eine» genannt, um sicherzustellen, daß du nicht glaubst, es gäbe zwei. Ich akzeptiere deine Idee, daß der Kosmos hierarchisch ist. Es ist mir sogar egal, ob er eine begrenzte oder eine unbegrenzte Anzahl von Schichten hat. Doch auch der wildeste Schamane hat nur ein weiteres, vielleicht komplexeres Bild von dem erfahren und gesehen, was wir in der gewöhnlichen Wirklichkeit und Natur sehen. Da gibt es vielfache Becken, da gibt es fraktale Grenzen, da gibt es viele Möglichkeiten, verschiedene Regionen, Komplexität, wo die Harmonie hierarchisch organisiert ist, und wir gelangen nie bis zur Spitze. Daher kann es nur ein Glaubensartikel sein zu sagen, daß es eins oder zwei oder drei sei, aber das ist weder eine normale noch eine obskure Ableitung aus der Beobachtung. Wir sprechen vom reinen Glauben. Wenn du zur Spitze des Rahmens gelangst, dann kann ich nicht einsehen, warum sie nicht zwei Becken haben sollte, die durch ein Fraktal getrennt sind.

TERENCE: Nach meinem Verständnis sind Fraktale eine Art von Homogenisierung nicht gegenwärtiger Ebenen, und wenn du eine ausreichende, dabei gar nicht sehr große Probe des Fraktals hast, kannst du eigentlich die Konturen des gesamten Systems extrapolieren. Daher ist es nicht nötig, den Schamanen oder Mathematiker einen Gesamtüberblick einholen zu lassen. Das kosmologische Prinzip läßt sich aus der lokalen Messung und der lokalen Physik extrapolieren.

RALPH: Ohne einen Glaubensartikel hast du kein kosmologisches Prinzip erhalten. Wir haben keine Beweise für die Grenzen des Weltalls.

TERENCE: Geht es denn nicht um die Vorstellung, daß Fraktale eine Art holographischer Plan sind, der sich auf vielen Ebenen wiederholt und dabei stets dem gleichen Muster folgt? Wenn du zehn Ebenen hast und das Muster auf den Ebenen zwei bis sieben kennst, dann kennst du auch das Muster auf eins, acht, neun und zehn.

RALPH: Nur wenige Fraktale in der Natur besitzen diese Eigenschaft, die eine besondere Eigenschaft von selbstähnlichen Fraktalen ist, welche wie Integrale innerhalb des Felds aller echten Zahlen sind. Sie stellen eine Ausnahme dar. Meist bedeutet das nichts weiter, als daß du zwei Becken hast, ein rotes und ein grünes, und ihre Grenze ist gewissermaßen durcheinandergebracht, so daß du dich an jeder Stelle innerhalb von einem Millimeter oder sogar von einem Zehntelmillimeter auf jeder Seite befindest.

TERENCE: Schön, dann beschränke ich mein Modell also auf die Verwendung von selbstähnlichen Fraktalen. Mein Modell des Eschaton ist, zumindest auf einer mathematischen Ebene, selbstähnlich.

RALPH: Ich will dir mal das Wasserprinzip erklären. Wenn du drei fraktal ineinandergeschlungene Becken hast, dann befindest du dich – wo immer du auch auf dem Sandstrand bist – nicht nur innerhalb von einem Millimeter im roten und im grünen, sondern auch im gelben Becken. Wenn du also als Schamane reist und dieses Muster am Ende der Zeit erblickst und deine Sicht irgendwie getrübt ist, also irgendein Stück Menschlichkeit in deiner Reise verbleibt, dann könntest du das Muster als eins sehen, auch wenn es nicht eins ist. Du würdest fälschlicherweise sehen, daß die drei Farben zu einer Art von grauem Eschaton verschwimmen.

RUPERT: In gewissen Kreisen kennt man dies als das Geheimnis der Heiligen Dreifaltigkeit. Theologen, die sich mit diesem Problem befassen, haben eine Vielzahl von Modellen entwickelt, denen die Vorstellung gemeinsam ist, daß das Höchste nicht eine undifferenzierte Einheit, sondern vielmehr ein Muster von Beziehungen ist. Im taoistischen Modell gibt es das Yin und das Yang mit einer Art fraktaler Grenze dazwischen. Der Kreis, der beide enthält, ist das Ganze, das sie vereint. Im Modell der Heiligen Dreifaltigkeit ist der Vater die Quelle des Wortes und des Geistes. Dem liegt die Metapher des Sprechens zugrunde. Der Geist ist der Atem, durch den sich das Wort ereignen kann, wenn du es ausatmest. Das gesprochene Wort ist ein Muster von Schwingungen und Harmonien, vermutlich irgendeine Art von fraktalem Muster in der Zeit. Schwer zu sagen, was der Atem und was der Klang ist und wie man die Schwingung vom Klang trennen kann. Das wäre offenbar die Art von Modell, nur in einer anderen Form, die dir vorschwebt. Die Einheit resultiert aus dem Gefühl der wechselseitigen Beziehung und der gemeinsamen Quelle. All diese Modelle einer höchsten Einheit sind Modelle einer Beziehung, die irgend etwas zusammenhält. Was hinter deinem fraktalen Modell steht, ist die Tatsache, daß du zwar in den Fraktalen keine Einheit erkennen kannst, daß aber die verborgene Einheit hinter alldem die Mathematik ist, nach der sich die Fraktale richten. Für die meisten Mathematiker existieren diese mathematischen Strukturen in irgendeiner Art von platonischem Ideenreich jenseits von Raum und Zeit, auch wenn es nur in der Phantasie von Mathematikern existiert. Es gibt eine Art von verborgener Einheit, die die Vielfalt enthält und sie irgendwie erzeugt. Ich würde sagen, die Einheit ist in jedem mathematischen Modell impliziert, im verborgenen mathematischen Objekt hinter dem manifesten Muster.

RALPH: Dennoch ist es ein Unterschied, ob du zum heimischen Schlag fliegst, wo dich dein Gefährte erwartet, oder ob du zum mobilen Schlag fliegst, wo nur dieser Army-Captain darauf wartet, dir dein Futter zu geben. Ich meine, mir geht es nicht sosehr um die Vielfalt oder die Einheit. Ich räume ein, daß alles in einem Ding vereint ist, zumindest ist es besser, wenn dies der Fall ist. Mir geht es mehr um die Grenzen. Wenn du ein dynamisches System mit verschiedenen Becken und fraktalen Grenzen dazwischen hast, dann wirst du die Einheit wahrnehmen, ganz gleich, wie du sie wahrnimmst oder welche Experimente du anstellst. Einheit nimmst du nicht wahr in dem pathologischen Fall, wenn du einen eisernen Vorhang errichtet hast. Falls du einen eisernen Vorhang hast, dann ist die Einheit im Grunde durch die Krankheit des Dischaos vernichtet worden. Wenn wir dies daher in der Natur, in der Geschichte, in sozialen Systemen, in uns selbst erkennen, müssen wir uns vor diesen eisernen Vorhängen hüten, weil sie einen unnötig vielfältigen Zustand erzeugen.

Wir haben hier einer Sehnsucht nach einem friedvollen Zustand jenseits der Sprache Ausdruck verliehen. Wenn du Gesangsmeditation und so weiter praktizierst, dann verstärkst du gezielt die Fraktalität der Grenzen und daher auch die Integration der Teile zu einer Einheit. Falls die Einheit dein Ziel ist, dann mußt du die fraktale Breite all deiner Grenzen überprüfen und dich vor Grenzen hüten, die zu dünn sind.

RUPERT: Wie fraktalisiert man denn seine Grenzen? Kannst du uns ein persönliches Beispiel nennen?

RALPH: In der jungen Wissenschaft von neuronalen Netzen nennt man dies Stählen. Du kannst zum Beispiel ein Psychedelikum nehmen. Oder du kannst dich in eine Kultur begeben, die sich von deiner eigenen extrem unterscheidet, und dich dort sieben Jahre lang aufhalten, auf einem Bauernhof oder sonstwo. Wenn du einen Lebensgefährten hast, befindest du dich sicher in einer chaotischeren Lage. Diese Zwei-Personen-Einheiten sind ganz eindeutig krank, und heutzutage überstehen dies nur wenige. Ich möchte hier eine Erklärung vorbringen, worin das Problem besteht, und zugleich eine Strategie vorschlagen, eine Art Therapietechnik. Manche Menschen probieren diese Technik übrigens bei der Therapie von Beziehungen aus.

RUPERT: Kannst du uns ein Beispiel dafür geben, wie die Fraktalisierung von Grenzen in einer zwischenmenschlichen Beziehung therapeutisch funktionieren würde?

RALPH: Zunächst einmal gibt es eine diagnostische Lernphase, in der der Therapeut in Chaostheorie statt in Freudscher Theorie ausgebildet ist. Wenn eine Grenze mit einer pathologisch niedrigen Dimension oder geringen Dicke entdeckt worden ist, wird eine spezielle Therapie konzipiert, die aus einigen sorgfältig überwachten Experimenten besteht, bei denen die Grenze verletzt wird oder Grenzen verwischt werden. Bei einer üblichen Strategie geht es um Sandkastenspiele. Ihr kennt das ja. Im Sprechzimmer des Therapeuten gibt es all diese Spielzeuge, die den Patienten auf einen vorsprachlichen Ausdrucksmodus zurückführen. Ich bin zwar kein Therapeut, aber ich meine, daß eine moderne Theorie bei der Konzeption von Therapien helfen könnte.

In den USA finden sich die Leute in kleinen Selbsttherapiegruppen zusammen, weil sie der Meinung sind, daß ein Therapeut, der kein multiples Persönlichkeits-Dischaos hat, eigentlich keine Ahnung hat, was da vorgeht. Diese Gruppen haben die Chaostheorie studiert und sich eine Art von therapeutischem Psychodrama ausgedacht, dessen Ablauf sie niederschreiben, dann inszenieren und in amerikanischen Großstädten öffentlich aufführen. Es gibt inzwischen zahlreiche Variationen dieser Methode, aber alle basieren sie auf meinem Artikel über multiples Persönlichkeits-Dischaos. Ich kann euch nächstes Jahr darüber berichten, wie diese Experimente ausgegangen sind. Einige Therapeuten glauben, sie könnten lebensgefährlich sein und man müßte mich wegen dem, was ich da angerichtet habe, eigentlich einsperren, aber die Patienten selbst sind ganz begeistert. Es geht ihnen wirklich wunderbar. Depressionen sind schon eine sehr ernste Angelegenheit. Wenn es eine Therapie gäbe, die das bipolare Persönlichkeits-Dischaos ohne pharmazeutische Mittel heilen würde, wäre einer Menge Menschen geholfen.

RUPERT: Dieses Psychodrama soll also starre Grenzen niederreißen?

RALPH: Es soll ihre fraktale Dimension verstärken.

TERENCE: Wäre es angesichts dessen, was du über die Ziele dieser Therapie gesagt hast, nicht einfacher, diesen Leuten schlicht Psychedelika zu geben?

RALPH: Ich persönlich habe gute Erfahrungen mit Psychedelika gemacht, aber ich weiß nicht, ob das für jeden gilt. Es wäre schön, wenn wir mehrere Alternativstrategien hätten, die zum Teil an einem Sonntagabend angewendet werden könnten, wenn man sich gerade wieder darauf einstellt, daß man am nächsten Morgen wieder zur Arbeit gehen muß. Eine Maßnahme wie die Einnahme von Vitamintabletten.

TERENCE: Wenn du doch soviel Glück mit Psychedelika hattest, warum zögerst du dann, sie weiterzuempfehlen?

RALPH: Ich empfehle sie ja, oder zumindest bekenne ich öffentlich, daß ich selbst sehr gute Erfahrungen mit Psychedelika gemacht habe. Vor kurzem bekam ich eine Menge böser Briefe und Telefonanrufe – es kamen sogar Leute zur Universität, um mein Ableben vorzeitig herbeizuführen. Sie glauben offenbar, daß Psychedelika Drogen seien. Da gibt es außerdem den juristischen Aspekt, denn schon viele Menschen wurden wegen ihres Umgangs mit Psychedelika zu zig Jahren Gefängnis verurteilt. Ich glaube, daß die heute auf der Welt herrschende paranoide Stimmung den möglichen Einsatz von Psychedelika als Medizin gegen

Dischaos erheblich erschwert und ihre Wirkung in dieser Richtung vermindert.

TERENCE: Falls die Paranoia und die juristischen Barrieren wegfallen würden, dann könnte man den Eindruck haben, als ob du etwas empfiehlst, was dem ziemlich nahekommt, was Salvador Roquets Schule praktizierte.

RALPH: Ich kenne Salvador Roquet nicht.

TERENCE: Er hat als Psychotherapeut viele Jahre lang in Mexiko gearbeitet und gab den Leuten Psychedelika. Dann zeigte er ihnen Filme über Auschwitz und andere höchst aufregende Dinge – damit wollte er sie zu einem absolut kreatürlichen Glibber aus aufgelösten Grenzen reduzieren.

RALPH: Hört sich ja ekelhaft an.

TERENCE: Ganz recht. Ich möchte nur wissen, wie sich das, was du empfiehlst, davon unterscheidet.

RALPH: Man benötigt nur eine ganz feine Medizin, um starre Wände abzubauen. Tatsächlich genügt vielleicht sogar schon die Vorstellung allein, die therapeutische Vorstellung. Sobald sich das Bewußtsein so eingestellt hat, daß man dank der Sensibilität für seinen eigenen inneren Prozeß tatsächlich diese Dinge beobachten und sie für unerwünscht erachten kann, beginnen sie unter dem selbsterzeugten Handeln der eigenen Psyche automatisch zu verschwinden. Schließlich spielt auch die Natur eine Rolle, denn die mathematische Notwendigkeit offenbart sich in der Milchstraße, im Sandstrand ebenso wie in der menschlichen Psyche. Es gibt eine Tendenz zur Hilfe. Diese Krankheiten der starren Grenzen existieren wie andere Krankheiten in erster Linie aufgrund der Ablehnung der Heilung, dabei läßt sich die Heilung in uns selbst finden. Man muß allerdings einsehen, daß all das, worunter wir leiden, durch eine Kultur vererbt worden ist, die selbst diese Krankheit in sich trägt. Die Heilung würde darin bestehen, das kulturelle Muster der Erkrankung zu erkennen und sie dann loszuwerden, indem man aus der eigenen Kultur aussteigt. Zuweilen genügt es, andere Kulturen aufzusuchen und dort für ein paar Monate oder Jahre zu leben, um Menschen von ihren starren Mustern zu befreien.

TERENCE: Das kommt ja dem im 19. Jahrhundert üblichen ärztlichen Rat sehr nahe, man solle sich zur Heilung emotionaler Probleme ein paar Monate am Meer aufhalten, vorzugsweise in Italien. In beiden Fällen will man ja eine neue Einstellung zur eigenen Umwelt durch die Distanz zu kulturellen Werten herbeiführen, entweder durch innere Reisen mit Drogen oder durch Reisen in fremde Länder.

RALPH: In vielen Fällen würde vermutlich schon ein Waldspaziergang genügen.

TERENCE: Es geht im Grunde also um die Suche nach einer neuen Perspektive durch das Distanzieren von seinen persönlichen Problemen.

RALPH: Es ist aber auch eine Art von mathematischer Perspektive. Unsere Kultur leidet an dieser besonderen Krankheit seit nicht weniger als sechstausend Jahren. Und besonders davon müssen wir uns erholen.

TERENCE: Ist diese von dir beschriebene Krankheit die Angst vor Grenzen?

RALPH: Mißverstanden als patriarchalisch, monotheistisch, hierarchisch ...

RUPERT: Gibt es irgendeine Kultur, der es gelungen ist, Dischaos zu vermeiden?

RALPH: Ich glaube schon, aber ich habe keine konkreten Erfahrungen mit ursprünglichen Kulturen. Die Kultur, in der wir leben, breitet sich inzwischen auf dem gesamten Globus aus, und die Ausnahmen stehen kurz vor der Ausrottung. Früher studierten Anthropologen wilde Stämme, ehe diese mit einer der Zivilisationen, die heute den ganzen Erdball beherrschen, in Kontakt gerieten. Leider kam die Zivilisation in Gestalt ebendieser Anthropologen, und das war der Todeskuß für diese Kultur.

TERENCE: Das ist ein Leib- und Magenthema von mir. Gewiß fällt es einem «zivilisierten» Menschen in den noch existierenden Amazonas-Kulturen ganz besonders schwer, sich mit der Tatsache abzufinden, daß es keine Grenzen gibt. Alles wohnt in einem großen Haus ohne Wände. Stuhlgang, Sexualität, Tod, häuslicher Zank, Bestrafung der Kinder – all das vollzieht sich in Gegenwart aller, und niemand im Alter von sechs bis neunzig hält mit seinen Kommentaren, Anregungen und Ratschlägen hinterm Berg. Es ist schwer, sich darauf einzulassen, selbst wenn man weiß, daß es gut für einen ist.

RALPH: Es gibt unterschiedliche Grade von Grenzen. Ich glaube, die Durchlässigkeit von Grenzen ist wichtig, und unsere Kultur hat übertrieben viel Aufmerksamkeit der ummauerten Festung gewidmet, die durch die Gewalt erforderlich geworden ist, welche manche Menschen mit dem Patriarchat verbinden. Aus irgendeinem Grund müssen Betonwände errichtet, Schlösser an Türen und Häusern, elektronische Bewegungsmelder, Videokameras an Bankautomaten und andere Dinge mehr angebracht werden. Da es eine zunehmende Komplexität in unserer Kultur gibt, während wir uns dem Eschaton nähern, gibt es vielleicht verbunden damit ein Abnehmen der Fraktalität. Jedenfalls schwindet sie tatsächlich in einem alarmierenden Tempo. Dies ist mit dem Wort vom «Tod der Natur» gemeint.

RUPERT: Als ich dich zuletzt in deinem Haus in Santa Cruz besuchte, Ralph, bemerkte ich einen starren, schlichten Zaun, der dein Grundstück von deinen ganz und gar unerwünschten Nachbarn abgrenzte, die auf ihrem Grundstück Moto-Cross-Rennen veranstalten und einen schrecklichen Krach machen.

RALPH: Stimmt, und die Jungs haben alle Kanonen.

RUPERT: Was wir hier brauchen, ist ein neues Produkt: der fraktale Zaun. Er ließe sich übrigens sehr gut in Kalifornien errichten – eine Art von fraktaler Grenze statt der altmodischen Stacheldrahtzäune.

RALPH: Labyrinthe, in denen sich die Leute verirren können, wenn sie einzudringen versuchen.

RUPERT: Außer daß diese Motorräder beim leisesten Lüftchen oder bei einem unvorhersehbaren chaotischen Ereignis plötzlich an deiner Haustür vorbeirasen würden.

8 *Zeit*

TERENCE: Das Thema dieses Trialogs liegt mir ganz besonders am Herzen, ja, ihr könntet fast sagen, ich hätte es für mich gepachtet. Ich interessiere mich sehr für die Zeit, also für die größten Strukturen, in die Phänomene eingeordnet werden können, und für die verschiedenen Möglichkeiten, nach denen wir die menschliche Existenz, das menschliche Tun und Lassen betrachten können, wenn wir endlich die Art und Weise unseres Verständnisses von «Zeit» ändern. Die herkömmliche Schulmeinung über die Zeit behauptet aus unerfindlichen Gründen, daß das Universum aus dem absoluten Nichts in einem einzigen Augenblick entsprungen sei. Diese Vorstellung ist der absolute Grenztest für Leichtgläubigkeit. Wenn man das zu glauben vermag, dann kann man alles glauben. Es ist zwar unmöglich, sich etwas auszudenken, was weniger wahrscheinlich ist, doch genau hier setzt die Wissenschaft mit ihrer sogenannten rationalen Geschichte von der Entfaltung des Universums und aller Phänomene ein. Ebensogut könnte die Wissenschaft sagen: «Gebt mir ein einziges Wunder, und von da an wird sich der ganze Kosmos mit einmal restlos und kausal schlüssig erklären lassen.»

Es gibt hinsichtlich des Universums aller Phänomene einen Aspekt, der jedem auffällt, der sich damit befaßt – ein Aspekt, dem die Wissenschaft überhaupt kein Gewicht beimißt: Wenn wir uns die Zeitspanne ansehen, die sich vom Urknall bis zum gegenwärtigen Augenblick erstreckt, dann ist offensichtlich, daß sich die Komplexität gegen das nahe Ende dieses Prozesses hin verstärkt, also zu der Dimension hin, in der wir uns befinden. So war beispielsweise das frühe Universum sehr heiß, und nur eine Art von Elektronenplasma konnte existieren. Durch Abkühlung kam es zur Komplexität, und jeder folgende Schritt in die Komplexität erfolgte viel schneller als die ihm vorausgehende Phase. Ich werde das ganz rasch abhandeln, weil ich mich auf das konzentrieren möchte, was ich die «kurzen Epochen» nenne. Die erste Milliarde Jahre, in denen das Universum existierte, war eine außerordentlich langweilige und leere Phase. Atomsysteme bildeten sich, und die einfachsten Elemente verdichteten sich zu Sternen. Dies ermöglichte die Kernfusion, das Auskochen schwererer Elemente und – nach langer, langer Zeit – das Erscheinen des vielwertigeren Kohlenstoffs, der eine ganz neue Reihe von Phänomenen entstehen ließ, schließlich auch das Leben. Meine Terminologie stammt größtenteils von Alfred North Whitehead, einem der stillen Helden der englischen Philosophiegeschichte im 20. Jahrhundert. Er postulierte einen Entwicklungsablauf in Epochen oder Zeitaltern, der auf das zuführe, was er «Konkretisierung» *(concrescence)* nannte. Ich habe seine Idee von der Konkretisierung aufgegriffen und eine endzeitliche Kosmologie zu konstruieren versucht, die die wissenschaftliche Erklärung des Ursprungs des Universums buchstäblich auf den Kopf stellt. Ich glaube nämlich nicht, daß das Universum der durch eine Urexplosion ausgelöste Ausstoß in eine substantielle Existenz ist. Für mich wird das Universum vielmehr von jeher gezogen und gedehnt und dadurch geformt in eine immer komplexere und sich immer stärker konkretisierende Entität oder Wesenheit, die eigentlich ein in der Zukunft angesiedelter transzendentaler Attraktor ist. Er ist transzendental in dem Sinne, daß er sich in einer höheren Dimension als dem gewöhnlichen Raum befindet, also in dem gefühlsmäßigen Sinne, in dem wir normalerweise den Begriff «transzendental» verwenden.

Diese Idee ist im Grunde ein unverschnörkelter Katholizismus. Sie greift zurück auf Teilhard de Chardins Idee vom Punkt Omega, dem Telos, der die Geschichte anzieht und in sich hineinzieht.

Worüber ich gern nachsinnen möchte, ist jene heikelste aller Fragen in derartigen prophetischen Systemen: Welche Rolle spielt die Menschheit in alldem? Die Wissenschaft drückt sich vor dieser Frage, indem sie uns irgendwo absetzt und allein läßt zwischen dem Urknall und dem Wärmetod des Universums, den man sich Jahrmillionen in der Zukunft vorzustellen habe. Die Wissenschaft reduziert die menschliche Erfahrung auf ein totales Randphänomen. Man erklärt uns, daß wir auf einem typischen Planeten leben, der um einen typischen Stern am Rande einer typischen Galaxie kreist, und daß wir Tiere eines komplexen Typs seien, der sich leicht mit anderen typischen Formen identifizieren lasse. Ich habe mich bei meinen Überlegungen bemüht, die offenkundig vektoriell auf die Menschenwelt gerichtete Intention des Universums ernst zu nehmen und gleichzeitig den Fallstricken der Religion aus dem Wege zu gehen.

Ich glaube, die Geschichte ist die Schockwelle der Eschatologie. Dies ist ein Begriff, den wir nicht genügend in Erwägung gezogen haben, wozu wir aber gezwungen werden, da die von der Moderne herbeigeführte planetarische Krise auf eine Art Höhepunkt zustrebt. Mit der Behauptung, die Geschichte sei die Schockwelle der Eschatologie, meine ich etwa folgendes: Wäre dieser Planet ein Planet von Kolibris, Mungos, Giraffen und Savannen, dann genügte die durch die Molekularbiologie modifizierte darwinistische Mechanik als Erklärung für das, was hier vorgeht. Der Sand im Getriebe dieses simplen Schemas sind wir selbst. Wir stellen eine andere Existenzordnung dar. Meine Idee ist es nun, daß der Einfluß eines in Richtung einer symbolischen Tätigkeit ziehenden Attraktors aus der breit dahinströmenden tierischen Entwicklung eine Spezies auswählte oder daß diese ihm zum Opfer fiel – die Terminologie kann da schwanken. In diesem Zusammenhang widmen wir uns dem Gesang, der Magie, dem Theater, dem Tanz, der Dichtung, der Religion, der Wissenschaft, der Politik und allen möglichen kognitiven Beschäftigungen, die in der Praxis weniger als 25 000 Jahre umfassen – nach kosmischen Maßstäben nur ein Wimpernschlag. Dies ist die Schockwelle, die der Eschatologie vorangeht. Man kann das mit der glatten Oberfläche eines Teichs vergleichen. Wenn der Teich zu brodeln beginnt, zeigt er damit an, daß sich unter der Oberfläche irgendeine proteische Form bewegt und dabei ist, sichtbar zu werden. Dies ist das Erscheinen der Geschichte auf der Oberfläche der Natur, eine brodelnde Vorwegnahme der Konkretisierung oder des transzendentalen Objekts am Ende der Zeit. Es ist in der weltlichen Gesellschaft verpönt, darüber zu diskutieren – selbst im Rahmen der New-Age-Debatte –, weil dies stets das Reich abscheulicher Priester und ihrer scheußlich hierarchischen und verstopften Religionen gewesen ist. Anständige Menschen lassen sich auf dergleichen im allgemeinen nicht ein.

Tatsächlich vermittelt dies eine zutreffende Vorstellung von unseren wahren Verhältnissen. Wir befinden uns heute in einer planetaren Krise, in der man kein begeisterter Anhänger der Metaphysik von Whitehead, des Psilocybins oder der obskureren Metaphern von Terence McKenna sein muß, um zu erkennen, daß wir uns unseren Grenzen nähern. Die Geschichte ist ein sich selbst verzehrender Prozeß, und zu diesem Zeitpunkt müssen wir nichts weiter tun, als eine Reihe von Kurven extrapolieren. Hier sind einige meiner Favoriten: die Ausbreitung epidemischer, sexuell übertragener Krankheiten, die Weitergabe thermonuklearer Waffen, die Zerstörung der Ozonschicht, das Wachstum der Weltbevölkerung. Wenn diese Kurven extrapoliert werden, ist klar, daß es nicht mehr so wie bisher weitergehen kann. Statt darin eine Situation zu erblicken, die durch das Trägheitsmoment schlechter historischer Entscheidungen herbeigeführt worden ist, glaube ich lieber, daß wir Zeugen von so etwas wie einer Geburt sind – von etwas, das den Gesetzen der Physik immanent ist. Wir befinden uns buchstäblich auf einem Kollisionskurs mit einem Objekt, das wir nicht genau erkennen können und das knapp unter dem Ereignishorizont des rational Faßbaren liegt – gleichwohl ist unser kultureller Osten von Morgenröte überzogen. Dies deutet, wie ich glaube, auf ein Ende unseres Sündenfalls hin, unseres Aufenthalts in der Materie und unserer Vereinzelung. Es ist uns so nahe, weil wir unsere Optionen im dreidimensionalen Raum so weitgehend erschöpft haben, daß man nur die Augen schließen, einen Traum haben, ein schamanisches Halluzinogen nehmen, Yoga praktizieren muß. Dann wird man es sehen. Es ist ein Attraktor, der auf die Spezies mindestens eine Million Jahre lang eingewirkt hat. Ich behaupte, daß dies in Wirklichkeit ein universaler Attraktor ist und daß wir eine komplexe Konkretisierung darstellen, die wahrhaft transzendental ist. Ich glaube, daß wir sonst einem gewaltigen Pessimismus anheimfallen, der sich aus dem Bankrott der Wissenschaft, des Positivismus und der alltäglichen Politik erhebt. Die Fahrt ans Ende der Geschichte wird ein anstrengendes Erlebnis werden. Ich biete diese Metapher in der Hoffnung an, daß sie die Reise zum transzendentalen Objekt, das am Ende der Zeit glitzert, leichter machen könnte.

RUPERT: Vielen Dank. Ich möchte gern wissen, was du mit «Eschaton» meinst.

TERENCE: Stimmt, ich muß ja noch die Fußnoten nachtragen. Das griechische Wort *eschatos* bezeichnet die Letzten Dinge, die endgültigen Dinge. Das Eschaton stellt eine neutrale Möglichkeit dar, etwas zu benennen, was manche den Buddha Maitreya nennen, manche die UFO-Intervention am Ende der Geschichte und andere die Wiederkehr des Messias. Es ist das Letzte Ding – das Eschaton. Was dann geschieht, glaube ich, ist die Auflösung aller Grenzen: zwischen Männern und Frauen, zwischen Gesellschaft und Natur und letzten Endes zwischen Leben und Tod. Wir sind im Begriff, wahrhaft über die Vieldeutigkeit, die Syntax hinauszugehen. Wir sind 25 000 Jahre lang in einer Art dämonischem Phantombild gefangen gewesen, das aus der Sprache erschaffen war. Der Beschleunigungsprozeß des verwickelten Zusammenhangs, der nach Whitehead diesen Ablauf der Epochen in Richtung auf die Konkretisierung hin charakterisiert, ist heute in der Tat drauf und dran, sich zu vollenden.

RALPH: Das hört sich aber ein bißchen optimistischer an, als ich das bisher von dir gehört habe. Du hast die Urknall-Phantasie der

Wissenschaft akzeptiert und sie dann auf ein ähnliches Ereignis in der nahen Zukunft projiziert, und dich interessiert das «Wann». Diesmal hast du aber nicht das genaue Datum genannt.

TERENCE: Ich dachte, wir könnten gewissermaßen in verallgemeinerter Form über die Annahmen diskutieren, die sich aus dieser Art des Denkens ergeben.

RALPH: Ich höre zum erstenmal, daß du dieses bevorstehende Ereignis als Geburt bezeichnest. Diese optimistische Erwartung wird von dir als Eschaton interpretiert. Das ist ein Wirklichkeit gewordener Mythos, wie ein Weihnachtsbaum, der gleichsam mit historischen Ereignissen geschmückt ist. So wie sich der Baum zur Spitze hin verjüngt, hast du gewissermaßen die Geschichte darum herumgewunden, in einer aufsteigenden Spirale, die an dem Punkt endet, wo die Leute den Stern aufstecken. Ich glaube, die Geschichte läßt sich um die Form dieses Mythos auf ganz unterschiedliche Weise herumwinden. Du gehst von einer Annahme aus, die sehr symmetrisch ist zum wissenschaftlichen Mythos von der Geburt des Universums.

Das erinnert mich an die Geschichte der Geschichte – hier paßt der Begriff der Zeit in verschiedenen Kulturen zu verschiedenen Modellen, die es da gibt: zum Beispiel das Modell «Vom Urknall zum Urknall», das du teilweise von Teilhard de Chardin übernommen hast. Dann gibt es das Modell des unbegrenzt linearen Fortschritts, das inzwischen bei allen ziemlich in Mißkredit geraten ist; ferner das Reflektionsmodell, bei dem sich ein Zyklus vollendet und sich dann von Anfang an wiederholt in einem Epochenzyklus, der vielleicht nie endet. Schließlich ist da noch das Modell von Kurt Gödel, in dem die Zeit fortschreitet und sich in sich selbst rundet. Viele antike Gesellschaften hingen diesem Modell an, bei dem man auf ähnliche Weise wie bei deiner Theorie von den Brieftauben davon ausging, daß jede Handlung, die wir heute begehen, an einem anderen Tag wiederholt werden wird. Diese verschiedenen Modelle für die Geschichte sind ihrem Wesen nach mythische Gebilde – das heißt, es lassen sich keine wissenschaftlichen Beweise anführen, um eines als richtig und das andere als falsch einzustufen. Sie beruhen allesamt auf Glauben.

Aus unseren archäologischen und kulturgeschichtlichen Untersuchungen wissen wir also, daß es, historisch gesehen, verschiedene Modelle der Zeit gibt und daß sie bestimmten Mustern entsprechen. Im großen und ganzen glaubt man, daß sie uns durch die Entwicklung der Kultur geleiten. Mit anderen Worten: Wenn es nicht der Fall ist, daß das Morgen bereits determiniert ist, dann müssen wir einfach unsere Sache gut machen, um heute unseren Traum zu verwirklichen. Falls es möglich ist, daß das, was wir tun, denken oder sagen, sich auf die Zukunft auswirkt, dann ist es wichtig, für welches Geschichtsmodell wir uns entscheiden, weil der Mythos selbst das Handeln leitet, die Evolution entscheidet und bis zu einem gewissen Grade das Ergebnis beeinflußt. Doch selbst wenn ich das Weihnachtsbaum-Modell akzeptiere, kann ich nicht einsehen, warum die Spitze mit dem Stern eine Geburt oder ein Tod sein soll oder irgend etwas anderes als eine simple kulturelle Umbildung, die mehr oder weniger von einer Schockwelle am Ende dieser Epoche angekündigt wird. Warum könte es denn nicht einfach eine simple soziale Umbildung sein wie die Renaissance?

TERENCE: Weil der Planet nicht mehr die Geburt neuer Gesellschaften hervorbringen kann. Wir sind, was die Hervorbringung neuer Gemeinschaftsmodelle betrifft, am Ende unseres Weges angelangt. Wenn wir einmal auf die gesamte uns bekannte Geschichte des Lebens zurückblicken, erscheint sie uns dann nicht wie eine Art Strategie zur Eroberung der Dimensionalität? Die frühesten Lebensformen waren irgendwie arrangierte Arten von Schleim. Dann haben wir es mit einer ganz frühen Form von Motorik zu tun, aber noch ohne Sinnesorgane: Organismen tasten sich buchstäblich von einem Wahrnehmungspunkt zum anderen weiter. Dann kommt es zur Absonderung lichtempfindlichen Pigments auf der äußeren Membran, und die Vorstellung eines Gradienten zwischen hier und dort taucht auf. Dann findet über einen langen, langen Zeitraum hinweg die Koordination von Rückgraten, Skeletten, das Sehen mit beiden Augen und anderes mehr statt. Und schließlich wird mit dem Menschen irgendeine fundamentale Grenze überschritten, womit die Eroberung des terrestrischen Raums endet und die Eroberung der Zeit beginnt – zunächst durch das Gedächtnis und die strategische Triangulation von Daten aus dem Gedächtnis heraus und dann durch die Erfindung des epigenetischen Codierens, des Schreibens und der elektronischen Datenbanken. Es kommt zu einer immer tieferen und gründlicheren Ausdehnung in die Zeit hinein. In diesem eschatonischen Übergangsstadium, von dem ich spreche, schrumpft die ganze entfaltete Welt des dreidimensionalen Raums auf den Punkt zusammen, in dem alle Punkte kotangent sind. Wir betreten den wahren Hyperraum, also nicht mehr einen metaphorischen Hyperraum. Will sagen: Dieser Übergang von einer Existenzdimension zu einer anderen ist die Weiterführung eines universalen Programms der Selbstausdehnung und der Transzendenz, das sich bis zur frühesten und primitivsten Protoplasmaart zurückverfolgen läßt.

RALPH: Ist dies nicht eine verstiegene Art und Weise zu sagen, daß uns die Zeit davonläuft?

TERENCE: Ganz recht – die Zeit beschleunigt sich. Viel ist nicht mehr übrig. Irgend jemand hat mal gesagt, die Zeit sei das Instrument, mit dessen Hilfe Gott verhindert, daß alles auf einmal geschieht. Ich stelle mir vor, daß wir gefangen sind – der transzendentale Attraktor ist eine Art von Schwarzem Loch, und wir fallen in sein Attraktionsbecken hinein. Nun kreisen wir immer schneller, immer tiefer, während wir uns der Singularität nähern, die ich das Eschaton nenne. All dies übersteigt das rationale Begreifen. Es liegt außerhalb des Rahmens der Beschreibbarkeit. Wir befinden uns auf einem Kollisionskurs mit dem Unbeschreiblichen. Im Gegensatz zu anderem tierischen Leben sind wir auserwählt für eine ganz besondere Metamorphose über die Information und die Eroberung von Dimensionen, damit etwas völlig anderes entsteht: eine neue ontologische Seinsordnung.

RALPH: Es ist noch zu früh, dies zu sagen. Einerseits beschleunigt sich alles. Die Bevölkerungsexplosion, die Zerstörung der Biosphäre – die Komplexität und die Geschwindigkeit, der unerbittliche Ernst und die Unumkehrbarkeit von alldem streben einem Höhepunkt zu. Inzwischen haben wir die Sprache, dieses 25 000, 60 000 oder höchstens 100 0000 Jahre alte Artefakt. Wir haben solche Dinge wie Landwirtschaft und Stadtentwicklung hervorgebracht. Wir haben Autos, Flugzeuge und Computer, die uns miteinander verketten. Wir haben all diesen Zuwachs in der Komplexität und der fraktalen Dimension des Lebens, mehr oder weniger zu unserem Vorteil. Wir haben es hier gewissermaßen mit einem Wettlauf zwischen zwei Prozessen zu tun, die beide ständig schneller werden. Welcher sich stärker beschleunigt, wissen wir nicht. Außerdem kann die Möglichkeit eines Wunders nicht ausgeschlossen werden, und zwar aufgrund der Tatsache, daß wir nicht einmal so weit gekommen wären ohne eine ganze Reihe von Wundern.

Es ist schon eine subtile Angelegenheit, den Mythos des Eschaton in diesen Wettlauf zwischen den beiden Beschleunigungsprozessen einzubinden. Was meinst du, Rupert?

RUPERT: Ich gebe dir recht – hier handelt es sich um ein kulturelles Muster. Die jüdisch-christliche Überlieferung führt die Tendenzen weiter, die bereits in frühen Zivilisationen vorhanden waren. Da gibt es eine Bewegung auf irgendeine Endzeit zu, wie sie sich die apokalyptische Prophetie vorstellt. Das letzte Buch der Bibel, die Offenbarung des Johannes, spricht von Dingen, die dem nicht unähnlich sind, wovon Terence spricht. Terence ist sich durchaus bewußt, daß die apokalyptische Natur seines Denkens die Umwandlung einer Vision ist, wie sie schon im Christentum und in der jüdischen, messianischen und apokalyptischen Literatur erscheint. Die Frage ist doch, in welchem Maße dieses Beschleunigungsmuster, das du in unserer Kultur erblickst, ein Produkt der Tatsache ist, daß unsere gesamte Kultur auf diesem besonderen Geschichtsmythos basiert. In welchem Maße spiegeln diese Visionen irgendeine echte Wahrnehmung eines kosmischen Prozesses wider, etwas, was weit jenseits aller Geschichte liegt? Das läßt sich gar nicht so leicht feststellen, denn diesen kulturellen Mustern wohnt eine sich selbst erfüllende Prophezeiung inne. Wir erleben gerade, wie diese Träume auf vielerlei Art und Weise wahr werden. Sie haben bewirkt, daß unsere Kultur das Neue, die Innovation, die Veränderung betont und dabei immer schneller wird. Inzwischen haben wir diesen Aspekt der jüdisch-christlichen Kultur auf die übrige Welt ausgedehnt, und die Prophetie erscheint uns nun auffallend global. Für mich jedenfalls lautet die große Frage im Hinblick auf diese prophetische Vision, ob es einen echten Einfluß von etwas gibt, was jenseits der Menschheit, jenseits der Geschichte liegt. Terence glaubt, dies gäbe es, nämlich als transzendentales Objekt, als Attraktor oder, wie Teilhard de Chardin es genannt hat, als Punkt Omega. Wenn dies der Fall ist – wie begrenzt ist dann sein Einflußbereich? Sprechen wir, wie Terence es anscheinend zuweilen tut, von etwas, das sich nur auf der Erde abspielt, oder, wie Teilhard de Chardin, von der Noosphäre um die Erde und der wachsenden Entfaltung des Bewußtseins? Oder sprechen wir gar von der Umwandlung des ganzen Universums? Der gleichen Vieldeutigkeit begegnen wir im Neuen Testament, wenn Paulus im Römerbrief schreibt: «Denn wir wissen, daß die gesamte Schöpfung bis zum heutigen Tag seufzt und in Geburtswehen liegt.»

Sprechen wir von der Zukunft der menschlichen Kultur auf diesem Planeten, oder sprechen wir von der Zukunft des Sonnensystems, der Galaxis oder gar des gesamten Kosmos? Falls wir bloß von diesem Planeten reden, dann erscheinen diese sich beschleunigenden Veränderungen, diese Graphen und Extrapolationen ziemlich plausibel. Falls wir jedoch über das Sonnensystem oder die Galaxis reden, dann glaube ich nicht, daß Astronomen in den letzten paar Jahren oder Jahrzehnten plötzlich Kurven in ihren Tabellen entdeckt haben, die auf irgendeinen äußeren Punkt zueilen, so daß wir davon ausgehen können, daß die Sterne in der gesamten Galaxis zu Supernovae werden oder daß die Planeten im Sonnensystem kollabieren, sich auflösen, miteinander kollidieren oder sonst eine dramatische Veränderung erfahren werden. Die Geschichte, mit der wir uns hier und jetzt beschäftigen, die menschliche Geschichte und die Auswirkungen menschlicher Tätigkeiten spiegeln sich anscheinend, soweit wir wissen, nicht in irgendwelchen Veränderungen wider, die sich irgendwo anders im Sonnensystem, in der Galaxis oder im Kosmos abspielen.

TERENCE: Dies ist eine schwierige Frage. Wenn wir die Suche nach einer universalen Krise auf Gebiete jenseits der Erde ausdehnen, dann gibt es dafür nur einen Beweis, nämlich eine Art von Problem zwischen der Atomtheorie, die seit vierzig Jahren als sehr gesichert gilt, und dem Neutrino-Ausstoß der Sonne. Wenn wir dieses Problem zu erklären versuchen, dann haben wir die Wahl, daß entweder die Atomtheorie einer ernsthaften Modifizierung bedarf – was nicht wahrscheinlich ist, da sie in allen anderen Fällen bis heute funktioniert hat – oder daß tatsächlich etwas mit unserem Stern nicht stimmt. Nach einer pathologischen Veränderung jenseits des Sonnensystems im kosmischen Umfeld Ausschau zu halten liegt doch wohl außerhalb der gegenwärtigen Reichweite unserer technischen Möglichkeiten. In Anbetracht der Zeitwelle, die sich – wie ich ausgeführt habe – bis in den präbiologischen Bereich ausdehnen läßt, handelt es sich wohl eher um ein Phänomen der Biologie. Dies ist nur ein kleiner Planet, und die Biologie ist ein Prozeß der Eroberung von Dimensionen. Seitdem dieser Prozeß begonnen hat, als ein Urschleim, beschleunigt und verstärkt er sich selbst auf immer höheren Ebenen und in immer enger werdenden Windungen der Spirale, bis er im Prinzip erschöpft ist und den Planeten verläßt und sich in eine andere Dimension begibt.

RUPERT: Aber das entscheidende Kriterium in der Biologie besteht darin, daß die frühesten Lebensformen, hauptsächlich Pflanzen, in einer bestimmten Beziehung zum Licht der Sonne stehen. Alles Leben auf Erden hängt nicht von rein terrestrischen Vorgängen ab, sondern von unserer Beziehung zur Sonne und zum weiteren kosmischen Umfeld. Selbst der Kohlenstoff und die anderen chemischen Elemente, von denen biologisches Leben abhängt, sind ein Abfallprodukt explodierender Sterne. Die Biologie auf der Erde ist in einer viel größeren Ökologie verwurzelt. Ich glaube nicht, daß die Evolution des Lebens auf Erden als rein terrestrisch, als in diesem Sinne rein biologisch angesehen werden kann. Jede menschliche Kultur hat die Bedeutung himmlischer Einflüsse der einen oder anderen Art erkannt: der Sonne, des Mondes, der Planeten, der Sterne, des Himmels. Wir unterliegen die ganze Zeit Einflüssen von außerhalb der Erde. Das transzendentale Objekt mag durch die Sonne, andere Sterne, Planeten, Konstellationen lokalisiert oder kanalisiert sein – es hat jedenfalls etwas mit dem astronomischen Umfeld zu tun.

TERENCE: Wenn es wirklich ein höherdimensionales Objekt ist, dann befindet es sich in einem gewissen Sinn überall in diesem Universum, und alle Wege einer fortschreitenden Evolution münden vielleicht in ihm, als einer Art universalem Hologramm von Zeit und Raum, einer galaktischen Gemeinschaft oder Intelligenz vielleicht. Mit anderen Worten: Wenn ich richtig verstanden habe, was du zu Beginn deiner Ausführungen angedeutet hast, dann durchdringen Sporen, Viren oder Bakterien vermutlich das physikalische Universum, und wo immer sie auf eine planetarische Umwelt stoßen, in der sie ihren Zauber ausüben können, faßt das Leben Fuß. Von da an ist es ein Kampf, in dem das Leben versucht, die abiotische Umwelt zu modifizieren und zu kontrollieren und sie in einem ausreichenden Gleichgewicht zu halten, damit das Bio-Programm installiert werden kann. Dieses Programm soll aus dem Initialsamen erwachsen und zur höheren, verborgenen Quelle von allem zurückkehren, die außerhalb des dreidimensionalen Raums liegt. Es ist eine gnostische Rückkehr, eine Vorstellung von alchimistischer Sublimierung und Verdünnung. Ich sehe im Kosmos eine Destillerie für das Neue, und das transzendentale Objekt ist für mich die Neuheit aller Neuheiten. Wenn wir das formal verfeinern, stoßen wir auf so etwas wie einen Leibnizschen Planeten, eine Art Monade – ein winziges Ding, in dem alles enthalten ist. Das bringt uns zu einer anderen Dimension, wo alle Punkte in diesem Universum in

Kotangenzialität kollabiert sind. Es ist eine Apotheose. Die Erde gebiert ein hyperdimensionales Wesen.

RALPH: Nur um dich zu schockieren, möchte ich einmal eine Position vertreten, die viel pessimistischer als deine ist. In letzter Zeit hat es mehrere Beinahekollisionen mit Kometen gegeben. Manche Leute, zum Beispiel William Whiston und Immanuel Velikovsky, meinen, daß der Ursprung unseres Planeten auf eine Kollision mit einem Kometen zurückgeht. Mir scheint, daß wir mit großer Wahrscheinlichkeit von einem Kometen getroffen werden, und zwar ziemlich bald. Nehmen wir einmal an, dies würde passieren. Wir würden dann genauso ausgelöscht werden wie die Dinosaurier vor 65 Millionen Jahren, als der Jurassic Park im Ozean verschwand. Dann wäre dieses ganze biologische Wunderwerk, das sich nach seinem eigenen Zeitplan beschleunigt, mit exponentialer Verdichtung auf die Kompressionen des Eschatons zu, mitsamt den Schockwellen vom transzendentalen Objekt am Ende der Zeit absolut bedeutungslos geworden. Wir würden schlicht einen tödlichen Unfall auf der Autobahn des Sonnensystems erleben, völlig unabhängig vom biologischen Fortschritt auf dem Planeten Erde.

TERENCE: Das ist durchaus möglich. Ich wollte das nur nicht vorbringen, weil es ein wenig grotesk ist. Das transzendentale Objekt am Ende der Zeit ist vielleicht nichts weiter als ein fünf Kilometer breiter Kohlenstoff-Asteroid, der uns alle in einem einzigen Augenblick hinauf zu den Pforten des Paradieses zu jagen vermag.

RALPH: Du versuchst mein Argument aus der Welt zu schaffen, indem du es dir zu eigen machst!

TERENCE: Wie ich schon sagte, das Auflösen der Grenzen bedeutet letzten Endes das Auflösen der Grenzen zwischen Leben und Tod.

RALPH: Wenn das Eschaton dann ein Komet ist, der auf New York zurast – warum muß es dann eigentlich noch diese Zunahme der Komplexität, die Bevölkerungsexplosion, die Zerstörung der Ozonschicht geben?

TERENCE: In den Jahrmillionen, die dem Zusammenstoß vorausgingen, dem unter anderem die Dinosaurier zum Opfer fielen, war es bereits zu einer riesigen Vernichtung gekommen, deren Ausmaß wir noch nicht kennen. Es ist, als ob die Erde gewußt hätte, was kommen würde. Ich will damit nichts anderes behaupten, als daß die Biologie *weiß*, und damit greife ich noch einmal unsere Diskussion über Brieftauben auf. Die Biologie besitzt eine vollständige vier- oder fünfdimensionale Karte der Geschichte des Planeten. Auf der Karte steht: «Ein Komet ist unterwegs – laßt uns diese Affen in Bewegung setzen», und das führt zur Erzeugung von genügend Komplexität, und wenn es dann zum Zusammenstoß kommt, wird er eine transzendentale Relevanz haben.

RALPH: Eine Chance, in eine andere Dimension zu gelangen.

TERENCE: Die ganze Erd- und Menschheitsgeschichte steht in einer merkwürdigen Beziehung zu dem, was wir Intuition nennen – einer Beziehung, der sich niemand stellen will, die aber auch niemand ganz loswerden kann. Wir bringen Opfer dar, und wir tun alles mögliche, bloß weil wir dieses ganz beunruhigende Gefühl haben, daß nicht alles geheuer ist im dreidimensionalen Raum und in der Zeit. Die Geschichte bestätigt das immer wieder. Nun sind wir dran. Jorge Luis Borges, der argentinische Surrealist, hatte die interessante Idee, daß eine Spezies den Hyperraum – was auch immer das bedeuten mag – erst dann betreten könne, wenn der letzte Vertreter dieser Spezies umgekommen sei. Eine gewaltige Zahl von Seelen versammelt sich inzwischen in einer anderen Dimension und wartet darauf, daß wir uns endlich aus dieser moralischen Spirale verabschieden, damit sich die Menschenfamilie als Ganzes in den Gefilden des Herrn tummeln kann.

RUPERT: Ich möchte dies gedanklich noch ein bißchen weiter durchspielen. Früher glaubten wir, es könnte diese große Umwandlung der Menschheit mittels einer Art kollektiver Nahtodeserfahrung geben – nur daß es in Wahrheit eine echte Todeserfahrung wäre, die durch eine atomare Katastrophe herbeigeführt würde. Die Bedrohung durch die Atombombe gibt es zwar noch immer, doch aus irgendeinem Grund ist dieses Menetekel aus der Mode gekommen. Wir gewärtigen heute eher ökologische Apokalypsen. Da gibt es ja eine ganze Reihe unterschiedlicher Modelle. Nehmen wir also an, es kommt zu einer solchen plötzlichen Umwandlung, und die ganze Menschheit wird in den transzendentalen Attraktor aufgenommen. Wenn wir einmal die Vorgänge auf der Erde außer acht lassen – wie würde sich wohl ein solches Desaster auf das übrige Universum auswirken?

TERENCE: Ich glaube, diese Frage läßt sich nicht beantworten, aber eines Tages werden wir es erleben. Wir brechen buchstäblich unsere Zelte ab und bereiten uns darauf vor, Raum und Zeit im Newtonschen Sinne zu verlassen und uns in die hohe Welt der hyperdimensionalen Existenz zu begeben. Vielleicht befinden wir uns dann in irgendeinem großen Rat der Allwissenden, oder wir entdecken etwas anderes, völlig Unerwartetes.

Ich habe schon von der Vorwegnahme der Zukunft durch den Schamaismus gesprochen. Wenn man sich mit den psychedelischen Pflanzen befaßt, deren Wirkstoffe die Schamanen einsetzten, gelangt man unweigerlich zu einer apokalyptischen Intuition. Ich glaube, Schamanen sehen immer das Ende voraus, das heißt, sie wissen von der Begrenztheit des Unternehmens «Menschheit» im dreidimensionalen Raum. Genauso wie die Ontogenese die Phylogenese rekapituliert, wenn wir die Vergangenheit betrachten, ist es offenbar vernünftig anzunehmen, daß der Tod, den wir seit Jahrtausenden zu einem materialistischen Vakuum zu machen suchen, in Wirklichkeit nicht das ist, was wir denken: Ein gewaltiges Geheimnis schwebt über unserer Existenz, das nur jenseits des Grabes gelöst wird.

Ich hätte nie im Leben geglaubt, daß ich jemals diesen Standpunkt vertreten würde. Ich habe die erste Hälfte meines Lebens damit verbracht, mich von dieser Denkart zu entfernen. Doch die schamanischen Halluzinogene beweisen in der Tat, daß Schamanen stets via Ahnenmagie und höherdimensionaler Wahrnehmung arbeiten und daß der Tod nicht das ist, was uns der naive Positivismus seit 300 Jahren glauben machen will. Ich bin mir darüber im klaren, wie unglaublich es anmutet, daß wir hier, am Höhepunkt der materialistischen, positivistischen, wissenschaftlichen Zivilisation, im Begriff sind, eine Kehrtwende zu machen, um vielleicht das zu verstehen, was jenseits des Grabes liegt, aber tatsächlich ist dies vermutlich das paradigmenzerschmetternde, weltverdichtende Ereignis, das uns bevorsteht.

RALPH: Fortschreitende Konversion.

RUPERT: All dies vorausgesetzt, möchte ich doch wissen, ob dies schon anderswo passiert ist. Wenn es auf unserem Planeten geschehen kann, könnte es möglicherweise die gesamten Bedingungen der Dimensionalität in der ganzen Galaxis oder im ganzen Kosmos verändern. Falls so etwas auf Planeten irgendwo anders in der Galaxis bereits passiert ist: Wie, meinst du, hat es sich dann bereits bei uns ausgewirkt?

TERENCE: Wenn du die Andeutungen des transzendentalen Objekts erkundest, wirst du all diese transhumanen, außerirdischen Daten gewahr, die im wesentlichen das sind, was sie schon in ihrer Vergangenheit waren. Du erkennst, wie die Spuren allen Lebens zu einer Art von Quelle zurückführen, die in einem höheren Plan liegt. Darum stellt es sich ja so fremdartig dar. Wer weiß, vielleicht vereint es in sich tausend oder zehntausend oder fünfzig Millionen Zivilisationen.

RUPERT: Ich komme noch immer nicht dahinter, ob wir über irgendeine planetarische Gewalt reden, die sich einer Zivilisation nach der anderen oder eines Planeten nach dem anderen bemächtigt und dafür sorgt, daß sie sich auf eine besondere Weise selbst zerstören, oder ob wir über irgendeinen kosmischen Prozeß reden.

TERENCE: Ich erblicke darin nichts anderes als die Fortsetzung des Lebensprogramms, jedes Terrain, jede Dimension zu erobern, die es noch nicht erobert hat. Vermutlich ist dies ein endloser Prozeß. Das Leben ist eine chemische Strategie zur Eroberung der Dimensionalität. Es zieht sein Programm durch, auf Teufel komm raus.

RALPH: Es ist einfach so, wie wenn man ein Zündholz anzündet: Die Biologie kommt zu einem Planeten, und die Flamme springt auf. Und dann verglimmt sie bald wieder, weil die Ressourcen erschöpft sind und die Schockwelle des Eschaton auf diesem bestimmten Planeten eintrifft. Die Biologie erlischt wieder einmal.

TERENCE: Dieses Bild ist eine Möglichkeit, sich vorzustellen, was passiert, ohne daß man in die Dualismen verfällt, die entweder in einer reduktionistischen Anschauung oder in einer übereifrigen, kritiklosen religiösen Konversion herumspuken. Es gibt orthodoxe Kosmologien, die meine Behauptung von der Möglichkeit eines universalen Kollapses stützen. Hans Alfvén von der schwedischen Akademie der Wissenschaften hat in seinem Buch *Kosmologie und Antimaterie* (1969) behauptet, das Universum sei eine sogenannte Vakuumfluktation. Damit ist ein Phänomen in der Quantenmechanik gemeint, bei dem eine Gruppe von Teilchen und Antiteilchen plötzlich existieren und dann einander auslöschen. Weil die Parität bewahrt wird, ist diese Entstehung von Materie aus dem Nichts nach der Quantenphysik zulässig. Ein interessanter Aspekt dieser Vakuumfluktationen besteht darin, daß die Quantentheorie ihrer theoretischen Größe keine Obergrenze setzt, sondern nur erklärt, je größer sie seien, desto unwahrscheinlicher seien sie. Das Universum selbst könnte eine Vakuumfluktation von etwa 1068 Teilchen sein, die nach der Quantenphysik plötzlich zu existieren begonnen haben. Sie haben sich in einen höherdimensionalen Raum aufgeteilt und werden sich schließlich an irgendeinem Punkt in der Zukunft wieder verbinden, um die Parität zu wahren. Alfvén meint, daß bei dieser Art einer höherdimensionalen Kollision alle Punkte in beiden System für einen Beobachter augenblicklich kotangent zu werden scheinen. Das würde bedeuten, daß das materielle Universum möglicherweise in einem einzigen Augenblick verschwinden könnte. Zurück bliebe nichts weiter als Licht, weil Licht kein Antiteilchen besitzt. Niemand weiß, wie die Physik eines nur aus Licht bestehenden Universums beschaffen wäre. Ich möchte euch darauf hinweisen, daß unsere vielen Mythen und Intuitionen, die das Licht mit dem Prozeß des spirituellen Aufstiegs verbinden und von der Erzeugung eines Lichtkörpers und so weiter sprechen, vielleicht etwas Derartiges vorwegnehmen.

In der Trickkiste der gewöhnlichen Quantenastrophysik gibt es Möglichkeiten, die syntaktischen Bits zusammenzuflicken, um unglaublich optimistische transzendentale und psychedelische Szenarien zu produzieren.

RALPH: Es gibt keine Möglichkeit, beim Geburtsvorgang des Eschaton in die Dimensionen des Hyperraums hinüberzuhüpfen. Jedenfalls nicht in der Quantenphysik. Ich vermute, wir reden da von unterschiedlichen Dingen. Wie steht's denn nun mit dem Zeitplan, Terence? Bislang ist deine Idee der von Teilhard de Chardin ziemlich ähnlich, aber er hat uns leider keinen Zeitplan bekanntgegeben.

TERENCE: Du meinst, wann dieser große Wandel meiner Ansicht nach geschehen wird?

RALPH: Ja.

TERENCE: Es ist irgendwie merkwürdig, darüber zu reden, weil es um eine formale Beweisführung geht, bei der man sich eine Menge historischer Daten ansehen muß. Ich habe nichts weiter als

Kurven erstellt, die meiner Meinung nach das Kommen und Gehen des Neuen in der Zeit widerspiegeln. Indem ich diese Kurven auf historische Daten übertrug, konnte ich nach und nach eine genauere Vorhersage machen, die auf dem Schließen der Spirale beruht, was viel schneller geschieht, als du es erwarten würdest: Ich sage die Konkretisierung zur Wintersonnenwende des Jahres 2012 voraus. Nachdem ich diese Berechnung angestellt hatte, entdeckte ich zu meinem Erstaunen, daß die Maya-Kultur über einen sehr komplexen zyklischen und rekursiven Kalender verfügte, der ebenfalls auf dieses Datum verwies. Wenn man strikt objektive Datenkurven verwendet und dabei auch den lästigen Faktor des Unvorhersehbaren berücksichtigt, dann, meine ich, ist es ganz vernünftig anzunehmen, daß da zumindest irgendein Zusammenhang von prophetischer Intensität besteht, der dafür sorgt, daß sich eine Reihe von Überlieferungen aus irgendeinem Grund auf die letzten Monate des Jahres 2012 konzentrieren.

Als ich objektiv zu verstehen versuchte, was da passieren könnte, und Computersimulationen der Sternenfelder heranzog, stellte sich heraus, daß die Wintersonnenwende am 21. Dezember 2012 in einer aufsteigenden Windung der Galaxis erfolgt. Einmal im Laufe der 25 800 Jahre des Großen oder Platonischen Jahres gibt es zur Wintersonnenwende einen Sonnenaufgang, der im Schützen in einem Winkel von 23 Grad zur galaktischen Ekliptik erfolgt. Was bedeutet das? Wer weiß das? Ich jedenfalls nicht. Giorgio de Santillana und Hertha von Dechend, zwei sehr angesehene Wissenschaftshistoriker, behaupten in ihrem Buch *Die Mühle des Hamlet* (1994), daß es für die Menschen der Antike eine Art von galaktischen Pforten oder Zwischenstationen gegeben habe, durch die die Seelen eintreten mußten, um zu ihrer verborgenen Heimat zurückzufinden. Ich halte das für ein bißchen zu spiritistisch, aber gleichwohl ist es eine objektive Tatsache, daß eine jener seltenen Sonnenwend-Konjunktionen, die sich nur einmal in 26 000 Jahren ereignet, zu dem von mir ermittelten Zeitpunkt stattfinden wird und ich dies zu der Zeit, als ich diesen Zeitpunkt ermittelte, noch nicht gewußt habe.

RALPH: Das wollen wir uns doch mal genauer ansehen. Wir haben es hier also mit dem Zusammentreffen von drei verschiedenen Dingen zu tun. Das eine könnten wir mit Recht als eine neue und sehr interessante Art der mathematischen Extrapolation historischer Daten bezeichnen, die in einem Punkt kulminieren. Die anderen beiden Dinge: der Maya-Kalender und die bedeutendste astronomische Konjunktion in 26 000 Jahren, sind periodische Phänomene. Im Maya-Kalender gibt es alle 26 000 Jahre einen Zyklus, und die bedeutendste Konjunktion in der Galaxis, jedenfalls aus unserer Perspektive, findet ebenfalls alle 26 000 Jahre statt. Man kann davon ausgehen, daß sie mindestens noch einmal stattfindet, bevor die Sonne ihren Geist aufgibt und die Biologie ausgelöscht wird.

Wenn wir diese Dinge gleich gewichten, dann ist deine mathematische Extrapolation nicht das gleiche wie der schamanische Bericht über eine hyperdimensionale Untersuchung. Es ist eher eine gelehrte Angelegenheit, mit einer riesigen historischen Datenbank und dieser imaginären Kurve zur Extrapolation von Daten. Das legt die Vermutung nahe, daß deine Extrapolationskurve eigentlich auch umgekehrt werden könnte, so daß du ein völlig anderes Modell erhältst. Es ist also keine unumstößliche Extrapolation, und ich glaube, die Behauptung, daß dieses Datum wirklich der Punkt Omega wäre, steht auf schwachen Füßen. Und was den Übergang von uns allen in die fünfte Dimension betrifft, so halte ich das noch nicht für zwingend bewiesen.

TERENCE: Trotzdem läuft das Ganze auf eine sehr sorgfältige Argumentation hinaus, wenn man eine bestimmte historische Kurve betrachtet, die eine gedämpfte Schwingung darstellt. Die Kurve der Geschichte läuft tatsächlich aus. Da hilft auch nicht der elegante Versuch, daraus einen Zyklus innerhalb einer größeren oder extrapolierten Reihe von größeren Zyklen zu machen, weil aus dem eingebauten Dämpfungsfaktor ziemlich klar hervorgeht, daß es ein einziger Zyklus ist, in den zwar viele andere Zyklen eingebettet sind, der aber auch auf der höchsten Ebene einen Anfang und ein Ende hat.

RALPH: Dir kommt es wohl absolut nicht plausibel vor, daß es nach diesem Punkt noch irgendeine Zukunft geben wird.

TERENCE: Ich habe mir eine ganze Reihe von Möglichkeiten überlegt, wie man dies ausdrücken kann, damit es weniger katastrophal radikal klingt. Eine ganz einfache Möglichkeit, bei der sich jeder ein bißchen wohler fühlt, ist die Annahme, am 21. Dezember 2012 passiere nichts weiter, als daß Physiker, die seit einiger Zeit um die Technik der Zeitreise gerungen haben, endlich Erfolg haben. Plötzlich hat sich die Zeitwelle vollendet, und dennoch stürzt der Himmel nicht ein, und es tauchen auch keine Engel auf, um uns ins Paradies zu holen. Daß die Geschichte an diesem Datum endet, liegt daran, daß nach der Erfindung der Zeitreise die Vorstellung einer Abfolge von Ereignissen jede Bedeutung verloren hat. Alle räumen ein, daß die Geschichte gestern zu Ende ging. Dann erleben wir das Leben in einer posthistorischen, zeitlosen Blase, in der du nicht nur angibst, wo du lebst, sondern auch, wann du lebst.

Es gibt weitere Alternativen. Wie wär's damit: Am 21. Dezember 2012 falle ich tot um. Jedermann sagt: «Merkwürdig – nur er allein! Er hat fünfundzwanzig Jahre lang darauf hingewiesen, daß aufgrund irgendeiner bizarren mathematischen Manipulation alles perdu gehen würde, und ironischerweise hat nur er dran glauben müssen.» Es wird vielleicht nicht zu einem planetarischen Zusammenstoß kommen oder dazu, daß die Ozeane kochen, aber ich sage dir, Ralph, da draußen ist was im Gange. Was es ist, das weiß ich erst, wenn ich es sehe, und ich hoffe, du bist dann an meiner Seite.

Ich bin der unglückliche Überbringer dieser Botschaft, denn wenn du mich besser kennen würdest, wüßtest du, daß ich im Grunde kein sehr angenehmer oder netter Mensch bin. Ob du es glaubst oder nicht – ich hasse jede freischwebende Spekulation! Und doch befinde ich mich in dem Dilemma, mich als erster auf die größte freischwebende Spekulation in der Geschichte der Spinnerei einzulassen. Meine Methode ist sehr formal. Es ist doch ganz leicht, die Zukunft vorherzusagen, denn wer zum Teufel kann sagen, daß du dich irrst? Es ist ein vogelfreier Raum. Die Vergangenheit vorherzusagen ist dagegen sehr schwer, weil sie bereits geschehen ist. Wenn du dich irrst, weiß jeder Bescheid. Ich habe nichts weiter getan, als Karriere damit zu machen, daß ich die Vergangenheit mit einer Welle vorhersage, die unmittelbar am gegenwärtigen Augenblick vorbei in die Zukunft verläuft. Skeptikern halte ich entgegen, daß meine Welle jeden vergangenen Augenblick, den man sich vorstellen kann, korrekt vorhergesagt hat – daher besteht eine gewisse intellektuelle Pflicht, zumindest die Behauptung ernst zu nehmen, daß diese Welle auch den Teil der Geschichte vorhersagt, der sich noch nicht der banalen Formalität unterzogen hat, tatsächlich stattzufinden, wie Whitehead sagen würde.

RUPERT: Ich möchte dir noch eine letzte Frage stellen. Andere Leute, die uns erklären, das Ende stehe bevor, so wie es auf den Plakaten heißt: «Das Ende ist nahe. Stell dich darauf ein, daß dich dein Schicksal ereilt!» – diese Leute behaupten ja immer, daß dies von uns irgendeine Art moralischer Vorbereitung verlange. Kommt dein Ende nolens volens, ohne daß man sich darauf in irgendeiner besonderen Weise einstellen muß, oder erfordert es doch eine spezielle Vorbereitung?

TERENCE: Das ist eine sehr schwierige Frage. Vor vielen Jahren war ich entschieden politisch engagiert. Doch wenn ich mich jetzt an meine Quellen wende, versichern sie mir, daß am Lauf der Dinge nicht mehr zu ändern ist. Man könnte natürlich, wenn man sich dazu berufen fühlt, seine Zeit damit verbringen, andere Menschen zu beruhigen. Aber die Wände sind inzwischen so hoch, die Chreode ist so tief, die Beschleunigung so gewaltig, daß ich eigentlich nicht glaube, irgend etwas könnte uns bewahren vor dem, in das wir hineingezogen werden.

RUPERT: Ich hatte nicht an mehr Recycling oder so etwas gedacht. Ich hatte eher eine bewußte, moralische Vorbereitung im Sinn.

TERENCE: Ich meine, die Leute sollten losfahren und sich das Eschaton am Ende der Straße der Geschiche einmal ansehen. Ich spreche von psychedelischen Selbstexperimenten. Ich kenne keine andere Möglichkeit, es zu tun. Wenn du losfährst bis ans Ende der Straße und dir das Eschaton ansiehst und gegen die Reifen trittst und so weiter, dann wirst du in der Lage sein, hierher zurückzukehren und deinen Platz in dieser Gesellschaft einzunehmen und für andere Menschen eine Quelle der moralischen Unterstützung und des mustergültigen Betragens zu sein. Ich glaube, während wir uns dem Eschaton nähern, wirst du entdecken, daß die Geschichte, wie ich sagte, eine anstrengende Fahrt ist. Es wird in den nächsten sechzehn Jahren, also bis Anno 2012, eine unglaubliche Menge Schwingungen geben. Es wird mal gut aussehen, mal schlechter, dann wieder ganz gut und dann ganz schlecht. Wenn du nicht bis zum Ende der Straße gefahren bist und dir angeschaut hast, was uns erwartet, werden dich die nächsten Jahre verrückt machen, weil sämtliche Resonanzen der Vergangenheit sich inzwischen in der nahen Verdichtungsphase befinden, während das Ganze hinuntergedrückt wird und die Widersprüche sich aneinander reiben. Um uns herum lösen sich alle Grenzen auf. Die Sowjetunion – aufgelöst, weg! Jugoslawien – aufgelöst, weg! Amerika als Großmacht – vorbei! Guter Geschmack – perdu! Und das wird immer schneller gehen. Alle Regierungen versuchen, ein sich ausbreitendes Lauffeuer aus unkontrollierten Katastrophen eindämmen zu können, und sie bemühen sich, uns im dunkeln darüber zu lassen, wie schlimm es wirklich schon ist. Es wäre gut, hinauszugehen und einen Blick zu riskieren und sich zu vergewissern, daß das transzendentale Objekt noch da ist.

9 *Der Himmel*

RUPERT: Eine Wiederbesinnung auf das Leben der Natur ist aus einer ganzen Reihe von Gründen und auf vielfältige Weise im Gange: durch die Wiederbelebung des Archaischen, die Wiederbelebung animistischer Denkweise und des schamanischen Wissens, die Gaia-Hypothese, die Tiefenökologie und die ökologische Bewegung im allgemeinen. Wie ich in meinem Buch *Die Wiedergeburt der Natur* gezeigt habe, weist uns nicht zuletzt die Wissenschaft in die Richtung einer Wiederbesinnung auf das Leben der Natur. Sie findet überall um uns herum statt.

Wir müssen, glaube ich, noch einen Schritt weitergehen, das heißt, über die Erkenntnis hinaus, daß die Welt der Natur lebendig ist – nämlich sie als etwas Heiliges erkennen. Einst war nicht nur der Himmel eine heilige Sphäre, auch die Erde war es, insbesondere die heiligen Orte, die als Brennpunkte der Kraft in jedem Land, von jeder Kultur anerkannt waren: von den amerikanischen Indianern, von den vorchristlichen wie christlichen Europäern, von den australischen Aborigines, von den Afrikanern, von den Juden im Heiligen Land. In allen Kulturen bewiesen die Menschen diesen Sinn für die Heiligkeit des Landes und der Erde, indem sie zu den Orten der Kraft pilgerten.

Zum erstenmal in der Geschichte der Menschheit wurden die Pilgerfahrten von den protestantischen Reformatoren in Nordeuropa während der Reformation unterdrückt, und damit entstand eine Leere, die zu einer Entweihung der Natur führte. Der Sinn für das

Heilige konzentrierte sich fortan völlig auf den Menschen. Die Religion fixierte sich auf das Drama von Sündenfall und Erlösung, das sich zwischen Mensch und Gott abspielte. Die Natur hatte damit nichts zu tun, es sei denn als eine Art von Kulisse oder als Mittel zur Selbstbereicherung der Menschen, deren Wohlstand als Zeichen von Gottes Gnade und Vorsehung galt.

Die Engländer konnten diese durch die Unterdrückung der Pilgerschaft verursachte Leere nicht ertragen und erfanden nach ein paar Generationen den Tourismus, den man am besten als eine Form der säkularisierten Pilgerschaft betrachtet. Ich glaube, ein Paradigmenwechsel vom Tourismus zurück zur Pilgerschaft könnte viel dazu beitragen, die Erde zu resakralisieren.

Eine andere Möglichkeit der Heiligung der natürlichen Welt stellten die alljährlich wiederkehrenden Ereignisse dar, die nicht nur von einzelnen Menschen, sondern von der ganzen Gemeinschaft gefeiert wurden und die den jahreszeitlichen Wechsel auf der Erde markierten: die Sonnenwenden, die Äquinoktien und die Feste, die die christliche Welt von heidnischen Festivitäten übernommen hat, wie Weihnachten und Ostern.

Ich möchte nun von der Resakralisierung des Himmels sprechen, und das bedingt, daß wir erheblich weitergehen, als meines Wissens bislang irgend jemand je gegangen ist. Wenn Menschen vor dem 17. Jahrundert das Wort «Himmel» gebrauchten, meinten sie damit sowohl den Wolken- und Sternenhimmel als auch den Sitz Gottes, der Engel und der Seligen. Seit dem 17. Jahrhundert ist der Himmel säkularisiert und gilt nunmehr schlicht als Domäne der Astronomie. Der Himmel als Sitz der Engel, Gottes und der Seligen wird als eine Art psychologische oder spirituelle Metapher betrachtet, die nicht das geringste mit dem wirklichen Himmel zu tun hat. Dieser «Himmel» ist nicht dort draußen angesiedelt, sondern in uns selbst, in unserem Glauben oder sonstwo in irgendeinem spirituellen Reich, das völlig vom äußeren Himmel getrennt ist. Wir haben uns inzwischen schon so daran gewöhnt, daß Christen bei der Frage, ob die Worte «Vater unser, der du bist im Himmel» bedeuten sollen, daß Gott seinen festen Wohnsitz im Himmel über uns habe, sehr rasch in Verlegenheit geraten und diese Vorstellung als eine Art kindlicher Naivität abtun. Doch als Jesus dieses Gebet lehrte und als die Menschen begannen, zu Gott im Himmel zu beten, dachten sie nicht, der sichtbare Himmel wäre etwas ganz anderes als der himmlische Sitz Gottes, der sich in einem rein geistigen Reich befände. Für sie hing beides zusammen: der reale und der göttliche Himmel. Ich glaube, es ist wichtig, sich wieder auf die ursprüngliche Beziehung zwischen dem überirdischen Himmel und dem wirklichen Himmel, den wir sehen, zu besinnen.

Heute sehen wir im Kosmos so etwas wie einen sich entwickelten Organismus. Ich meine, es ist absolut möglich, den Sternen und Galaxien und Sonnensystemen im ganzen übrigen Universum ein Leben und eine eigenständige Intelligenz zu unterstellen. Auf diese Weise können wir auch das Leben des Himmels wieder akzeptieren und vermutlich sogar eine Intelligenz im Himmel, die vielleicht in gewisser Weise etwas mit der überlieferten Vorstellung von Engeln zu tun hat.

Christen und Moslems glauben an die Existenz des Himmels, und ich nehme an, auch die Juden, obwohl sie ausweichend antworten, statt genau zu sagen, wie sie ihn sich vorstellen. Das kitschige Bild von den Engeln, die auf Wolken sitzen und Harfe spielen, gibt uns immerhin einige interessante Hinweise: erstens, daß der Himmel dynamisch bzw. mobil ist, da die Wolken sich ja bewegen; zweitens, daß er den normalen Gesetzen der Gravitation nicht unterworfen ist – sonst würden die Engel herunterfallen, und drittens, daß er etwas mit Musik oder zumindest mit Tonschwingungen zu tun hat. Im Zusammenhang mit den verschiedenen Bildern vom Himmel hat mich Terence' Beschreibung des durch DMT (Dimethyl-Tryptamin) herbeigeführten Geisteszustandes sehr beeindruckt. Diese und vielleicht auch noch andere psychoaktive Substanzen können einen Zustand erzeugen, der in vielerlei Hinsicht dem Zustand der himmlischen Glückseligkeit ähnelt, wie ihn die religiöse Literatur beschreibt.

Ich lehne die Vorstellung von Innen und Außen im üblichen Sinne ab. Wir sind die Opfer einer humanistischen Kultur, die uns erklären will, die gesamte äußere Welt sei nichts weiter als unbewußte, bewegte Materie – das Gebiet der Naturwissenschaften. Im Gegensatz dazu hätten Religion, Psychologie und Kunst etwas mit der inneren Welt zu tun, die angeblich irgendwo in unserem Gehirn angesiedelt sei und somit untergehe, wenn unser Gehirn sterbe. Der Himmel wäre in diesem Fall etwas, in das man durch mystische Zustände gelange, während man am Leben sei, oder im Drogenrausch, und ganz sicher wäre er kein Ort, an den man sich begäbe, wenn man stürbe. Ich meine, die Vorstellung, innere Zustände befänden sich tatsächlich in unserem Körper, ist eine der vom kartesianischen Denken errichteten falschen Dichotomien. Wenn wir uns umsehen, dann dehnt sich unser Geist doch aus, um den Raum oder den Ort zu füllen, an dem wir uns befinden, und wenn wir die Sterne betrachten, dann greift unser Geist in einem gewissen Sinn nach ihnen. Auch wenn dies eine innere Wahrnehmung ist, die etwas mit unserer Psyche zu tun hat, ist das Innen tatsächlich genauso auch das Außen. Daher nehme ich die Vorstellung ernst, daß himmlische Zustände an anderen Orten angesiedelt sein könnten als in unserer Großhirnrinde oder in unserem Körper.

Die meisten Menschen unserer Zeit wissen fast nichts über den Himmel. Viele Leute besitzen Bücher mit Bildern, auf denen die Erde vom Weltraum aus zu sehen ist, und Kindern schenkt man Bücher über Phantasiereisen durch den Weltraum. Bedauerlicherweise haben meine eigenen Kinder bislang mehr über den Himmel durch Bilder aus Raumschiffen erfahren als durch einen Blick gen Himmel. In den meisten alten Kulturen kannten die Menschen die Sterne. Seeleute, Schäfer und viele andere kannten zumindest die einfachen Sternbilder am Himmel sowie die Planeten.

Dieses Wissen über die Sterne, die Mondphasen, die Bewegungen und Positionen der Planeten ist in alten Kulturen weit verbreitet. Natürlich gibt es diese Informationen auch in unserer Kultur, aber es ist gar nicht so leicht, jemanden zu finden, der einem tatsächlich die Sternbilder am Himmel zeigen kann. Im allgemeinen haben wir keine Ahnung, was den Himmel betrifft. Heutzutage sieht man im Himmel nichts weiter als Materie, das Terrain der Astronomen.

Seltsamerweise wissen aber selbst sie oft nicht viel über den Himmel, wie er sich uns tagtäglich darbietet, auch wenn sie eine Menge Daten über den Lebenszyklus von Sternen, das Wesen von Pulsaren und andere sonderbare Erscheinungen am Himmel kennen. Vor ein paar Jahren habe ich einmal mit einem Professor für Astronomie in England zu Abend gegessen. Anschließend gingen wir hinaus. Es war eine wunderbare sternklare Nacht. Ich sah eine Gruppe von Sternen, die ich nicht kannte, und sagte: «Was sind denn das für Sterne?» Der Professor erwiderte: «Ach, das dürfen sie mich nicht fragen, ich habe keine Ahnung.» Er hatte seine astronomischen Kenntnisse aus Büchern und von Computermodellen her erworben, nicht aus der Betrachtung des Himmels. Ein Freund von mir, der am großen Observatorium in Arizona arbeitet, erzählte mir, seine Kollegen würden einen bestimmten Stern oder eine Galaxie durch das große Teleskop betrachten, aber wenn man sie bitten würde, sie einem am Himmel zu zeigen, seien sie dazu nicht imstande. Sie geben einfach ein paar Zahlen in den Computer ein, um sie zu finden. Sie sehen den Wald vor lauter Bäumen oder den Himmel vor lauter Sternen nicht. Sie können das große Ganze nicht sehen. Hobbyastronomen und alte Seeleute sind vermutlich die einzigen Menschen, die sich noch einen Sinn fürs Beobachten des Himmels und eine Beziehung zu ihm bewahrt haben.

Im Gegensatz zu den Astronomen haben sich die Astrologen zwar einen Sinn für die Bedeutung des Himmels in Beziehung zu Ereignissen auf der Erde bewahrt, aber auch die moderne Astrologie hat mit dem konkreten Himmel wenig zu tun. Es hätte keinen Sinn, einen Astrologen zu fragen: «Was ist das da oben?», wenn man einen hellen Stern oder einen Planeten am Himmel sieht. Die meisten Astrologen betrachten den Himmel auch nicht öfter als andere Menschen. Sie arbeiten mit Computerprogrammen oder Büchern.

Ganz besonders hatte es mir 1987 die gewaltige Supernova auf der Südhalbkugel angetan, die größte seit der von Galilei und Kepler im Jahre 1604 beobachteten Supernova, die eine wichtige Rolle in der Wissenschaftsentwicklung gespielt hat. Zu allen Zeiten sah man in diesen Supernovae – explodierenden Sternen am Himmel – Omen von größter Bedeutung. Ich fragte also meine Astrologen-Freunde: «Was fängt ihr nun damit an?» Nun, sie konnten damit überhaupt nichts anfangen, weil diese Supernova nicht in ihren Ephemeriden oder in ihrem Computerprogramm enthalten war. Auf der anderen Seite interessierten sich die Astronomen zwar sehr dafür, sahen darin aber keine Bedeutung. Ich glaube, wir werden einen großen Schritt weiterkommen, wenn sich Astronomie und Astrologie wieder miteinander verbinden.

Ich denke, es wird sich viel Gutes aus einer Neubesinnung auf den lebendigen Himmel ergeben. Wir besinnen uns ja gerade wieder auf die Lebendigkeit der Erde, der Gaia. Ich meine, wir müssen auch die Vorstellung wieder ernst nehmen, daß die Sonne ebenfalls ein Leben und ein Bewußtsein besitzt. Wenn jemand nach einer wissenschaftlichen Begründung dafür sucht, dann findet er sie vielleicht in den Entdeckungen der Solarphysik. Wir wissen, daß die Sonne ein komplexes System von Magnetfeldern aufweist, deren Polarität sich in Verbindung mit dem Sonnenfleckenzyklus alle elf Jahre umkehrt. Neben diesem Rhythmus von Magnetpolumkehrungen gibt es in magnetischen und elektromagnetischen Feldern eine ganze Reihe von Resonanz- und Harmoniemustern – umfassende Muster, die sich über die Oberfläche der Sonne erstrecken und fraktaler Art sind, Muster innerhalb von Mustern, höchst turbulent, chaotisch, empfindlich, vielfältig und komplex. Da elektromagnetische Muster in unserem Gehirn offenbar die Schnittstelle zwischen dem Geist und dem Nervensystem sind, haben wir es hier mit einer Parallele im physikalischen Verhalten der Sonne zu tun. Es ist absolut möglich, daß die Sonne einen Geist hat, der in der komplexen elektromagnetischen Aktivität, die wir beobachten können, eine Schnittstelle besitzt.

Das Sonnensystem selbst ist ein Organismus. Mit ihm befaßt sich die Astrologie. Wir erkennen auch, daß die Sonne Teil einer Galaxie ist, ein Teil der Milchstraße mit all ihren Sternen, die wir am Nachthimmel sehen. Wie andere Galaxien besitzt auch unsere eigene ein galaktisches Zentrum, einen Kern von unbekannter Beschaffenheit, der riesige Strahlungsmengen aussendet. Wir könnten auch Galaxien als Organismen ansehen. Sie bilden Haufen und diese wiederum Superhaufen. Auch diese können als Organismen auf höheren Komplexitätsebenen und von höheren Größenordnungen gelten. Unser Sonnensystem ist ein winziger Teil dieser gewaltigeren Organismen, in die es eingebettet ist. Wenn die Sonne eine Art von Bewußtsein besitzt – wie steht es dann mit der gesamten Galaxis, mit ihrem geheimnisvollen Zentrum? Was ist mit den Galaxienhaufen, dem Kosmos insgesamt?

Es gibt also vielleicht Ebenen des Bewußtseins weit jenseits dessen, was wir selbst erfahren, und von immer umfassenderer Art. Wenn wir uns alte Überlieferungen ansehen, stellen wir fest, daß man davon generell schon immer überzeugt war. Der gesamte Kosmos gilt als belebt. Und wenn Gott allgegenwärtig ist, dann muß er im gesamten Himmel, das heißt im gesamten Kosmos gegenwärtig sein, und da der Himmel fast unendlich viel größer ist als die Erde, muß das Göttliche zu 99,99 . . . Prozent außerhalb der Erde gegenwärtig sein.

Mit Hilfe dieser grob quantitativen Methode gelangen wir zu den gleichen Schlußfolgerungen hinsichtlich der Himmelsgöttin, die als im Himmel lebend gelten kann. In der ägyptischen Mythologie war der Himmel der Sitz von Nut, der Himmelsgöttin, die der Mutterleib des Himmels war und die Sonne, den Mond und die Sterne gebar. Aus ihr ging das Weltall hervor, sie war der Mutterleib, aus dem alle Dinge kamen. Diese Vorstellung verband sich auch mit der altorientalischen Göttin Astarte oder Ischtar, und im Christentum kehrt sie wieder im Bildnis von Maria, der Muttergottes, der Himmelskönigin. Zum Beispiel wird sie in Gestalt der Nuestra Señora de Guadalupe mit einem himmelblauen, sternenübersäten Gewand dargestellt. Im christlichen, jüdischen und islamischen Glauben gibt es verschiedene Hierarchien von Engeln, gewöhnlich neun. Wir könnten uns vorstellen, daß diese himmlischen Hierarchien in den Supergalaxienhaufen, den Galaxien, den Sonnensystemen, den Sonnen und den Planeten widergespiegelt werden. Einst glaubte man, die Planeten und Sterne seien der Sitz intelligenter Wesen, und unsere Planetennamen sind ja noch immer die Namen von Göttern und einer Göttin: Venus, Merkur, Mars, Jupiter, Saturn und so weiter. Im 16. Jahrhundert kam es zu einer Wiederbelebung der alten Sternenmagie. Im elisabethanischen England riefen John Dee und andere Naturforscher den Geist bestimmter Sterne an und baten um Führung, Hilfe und Inspiration. Dies war ein Versuch, mit extraterrestrischen Intelligenzen in Kontakt zu treten und mit ihnen zu kommunizieren.

RALPH: Die Idee einer Sternenmagie im elisabethanischen England ging der Bildung von Kernwissenschaften voraus, wie wir sie kennen, und stellte eine Brücke zur antiken Welt dar, mit einer Menge von Veränderungen, Vereinfachungen und Ergänzungen. Die zentrale Idee war die alte Vorstellung von der «Großen Kette des Seins». Im alten Alexandria wickelte man gern Dinge in ein Päckchen ein und schickte sie in die Zukunft, und diese Idee gelangte ja zu uns über die Welt des Islam. Es gab konzentrische Sphären – neun, zehn oder elf –, und in ihrer Mitte befand sich die Erde. Außerhalb dieser Sphären gab es nichts. Die höchste Sphäre war die unbewegte Sphäre Gottes, die anderen enthielten die Planeten, die Sonne und den Mond und fungierten als Zwischenstationen für eine Art Übermittlung von Gott bis hinunter zu uns.

Giordano Bruno wurde im Jahre 1600 in Rom auf dem Scheiterhaufen verbrannt, weil er hartnäckig auf die Unendlichkeit des Universums verwiesen hatte. Er glaubte, die Sterne befänden sich nicht in einer einzigen Sphäre, sondern außerhalb der Sphäre von Jupiter, und sie würden den gesamten Weltraum ausfüllen. Dem widersprach die Kirche, weil dann kein Raum mehr für Gott gewesen wäre. Unser Vater im Himmel hätte sich nirgendwo mehr aufhalten können, und das stellte für das gesamte System eine ungeheure Bedrohung dar.

Ich sehe in der von dir dargestellten Kosmologie eine Chance für uns, eine neue, eigenständige Kosmologie zu konstruieren. Eine Religion der Zukunft könnte ein ganzes Pantheon von Göttern und Göttinnen aufweisen und die lebendigen und heiligen Dinge wie

Sonne, Mond, Planeten, Milchstraße, Quasare, benachbarte Galaxien, Galaxienhaufen und so weiter enthalten.

Ich glaube, die umfassende Idee einer Großen Kette des Seins könnte in unserer neuen Kosmologie aufgehen, ohne daß wir uns auf unseren Gottvater im Himmel oder auch nur auf Ideen von Göttern, Göttinnen und Engeln beziehen müßten. Das Programm Search For Extraterrestrial Intelligence (SETI) wäre eine bessere Darstellungsform, weil wir auf unseren außerkörperlichen Reisen zuweilen die Erde weit hinter uns lassen und einen Bezirk erreichen, der sich nur schwer benennen läßt – einen transzendenten, anderen Bezirk, den unsere Vorfahren ausgiebig bereist haben, kühne Reisende, die alle möglichen schriftlichen Berichte ihrer Fahrt hinterlassen haben. Auf unseren eigenen Reisen sind wir extraterrestrischen Intelligenzen begegnet, haben uns mit ihnen unterhalten und sind von ihnen belehrt worden. Ja, irgendwie ruht unsere ganze Hoffnung für die Zukunft auf diesen gnostischen Erlebnissen eines direkten Kontakts mit extraterrestrischer Intelligenz.

Vielleicht gibt es ja für diese Intelligenz einen körperlichen Ort in Raum und Zeit, irgendwo im Universum – vielleicht auch nicht. Gleichwohl kommt es vor allem auf die Kommunikation mit ihr an und nicht darauf, daß wir sie mit physikalischer Materie, Energie oder morphischen Feldern identifizieren. Ich weiß nicht, ob ich ein intelligentes Wesen, dem ich in einer außerkörperlichen Reise begegnet bin, mit der Milchstraße oder dem Planeten Jupiter in Verbindung bringen könnte, obwohl ich einen Sinn darin sehe, wenn du sagst, daß du sie für intelligente Wesen hältst. Ich kann mir die mit aberwitziger Geschwindigkeit über das Gesicht der Sonne laufenden Sonnenflecken durchaus als eine Art von cephalopoder, oktopusartiger Kommunikation zwischen dieser und einer anderen Sonne vorstellen.

TERENCE: Willst du damit sagen, es sei vernünftig, die Wesen in einer psychedelischen Erfahrung mit bestimmten Orten in Raum und Zeit in Verbindung zu bringen?

RALPH: Ja.

TERENCE: Es fällt mir schwer, mir die Sonne als intelligenten Organismus vorzustellen, außer in einer Größenordnung, zu der ich nur mit ziemlicher Mühe eine Beziehung finden kann. Mit anderen Worten: Ich kann mir vorstellen, daß der Pazifische Ozean intelligent ist, aber seine Intelligenz wäre so beschaffen, daß er und ich vermutlich nicht gerade viel miteinander zu tun hätten. Inzwischen existieren irgendwo dort draußen im Universum Wesen, mit denen wir psychedelisch Kontakt aufnehmen. Ich weiß eigentlich nie, ob sie Kreaturen auf anderen Ebenen oder schlicht an anderen Orten sind. Falls sie an anderen Orten existieren, sind sie offenbar so weit weg, daß dort ganz andere physikalische Gesetze herrschen und man dabei nicht an den Unterschied zwischen Chicago und Memphis denken darf, sondern von einem Unterschied wie dem zwischen Chicago und Oz ausgehen muß.

Wir haben davon gesprochen, daß das morphogenetische Feld eine unabdingbare Hypothese, aber nicht so leicht zu orten ist wie ein elektromagnetisches Feld. Eine kreative Lösung bestünde in der Hypothese, daß vielleicht die Phantasie das Ortungsgerät für das morphogenetische Feld ist. Das Gehirn-Geist-System ist ein in quantenmechanischer Hinsicht so empfindliches System, daß ein Input aus dem morphogenetischen Feld Kaskaden von chemischer Aktivität auf die eine oder andere Weise auslösen kann und bei intensivem Tagträumen oder auf einem psychedelischen Trip tatsächlich das Feld erfaßt. Wenn dies der Fall wäre, dann wäre das, was wir die Imagination nennen, im Grunde die universale Bibliothek des Realen. Diese Möglichkeit verleiht in meinen Augen eine sehr große Macht, und ich vermute, dies ist die Wahrheit, die man im Zentrum der psychedelischen Erfahrungen erfährt und die so verwirrend ist, daß man damit eigentlich nicht in die normale Realität zurückkehren kann. Das ist um so wahrscheinlicher, wenn man den Himmel als etwas einheitlich Organisches und Belebtes ansieht, da bin ich ganz sicher.

Rupert und ich, und vielleicht bis zu einem gewissen Grade auch

Ralph, sind von einer bestimmten Denkrichtung beeinflußt, der sogenannten Organismus-Philosophie, die Alfred North Whitehead, Joseph Needham und L. L. Whyte begründet haben. Rupert argumentiert sehr eloquent für eine organische Organisation auf jeder Ebene. So etwas ist in der Wissenschaft nicht sehr erwünscht, weil es Fragen über die Signalsysteme aufwirft, die diese Organismen zusammenhalten.

Eine Maschine vermittelt mechanische Kraft im Grunde durch direkten Kontakt. Ein Organismus operiert durch chemische Diffusionssysteme, Farbsignale oder in manchen Fällen durch Sprache. Wenn man diese Funktionsformen höherer Ordnung heranzieht zur Erklärung von großen Komplexen der Natur, dann wirkt das wie eine Wiedereinführung von Geist in die Natur. Dies ist zwar genau das, was wir brauchen, aber die Schulwissenschaft wehrt sich dagegen mit Händen und Füßen – eine noch immer andauernde Reaktion auf die Schlacht des 19. Jahrhunderts, als der Deismus noch die Macht besaß, den Darwinschen Rationalismus potentiell zunichte zu machen. Es wird Zeit für die Erkenntnis, daß die Schlacht längst geschlagen ist und daß der Versuch, die Gesetze der Atomphysik auf Organismen zu übertragen, nicht funktionieren wird. Es gibt auf jeder Ebene «neu auftretende Eigenschaften», wie der Physiker David Bohm dies genannt hat. Denkt an ein einzelnes Wassermolekül – es wäre absurd, es als naß zu bezeichnen. Nässe ist eine neu auftretende Eigenschaft, die sich erst aus Millionen von Wassermolekülen ergibt. Auf jeder Ebene in der Entwicklung physikalischer Komplexität ermöglicht die Komplexität an sich das Auftreten neuer Eigenschaften, wobei das Schillern des Geistes und der Kultur ganz am Ende, an der Spitze der Pyramide, auftritt.

Es ist interessant, wie sich die Einstellung unserer Kultur gegenüber dem Himmel geändert hat. Eine ziemlich fundamentale Revolution unseres Denkens besteht darin, daß zu diesem Zeitpunkt niemand an die Eroberung des Weltalls durch den Menschen glaubt. Während sich die USA dafür in den sechziger Jahren engagierten und dies in den siebziger Jahren noch «in» war, ist davon heutzutage kaum noch die Rede, weder unter Freaks wie uns noch bei Präsidentschaftskandidaten, noch bei der Rechten, der Linken, der Mitte oder sonstwem. Das Thema scheint ein für allemal passé zu sein. Die gewaltigen Raketenstartanlagen innerhalb des sowjetischen militärisch-industriellen Komplexes, die bei der Erreichung erdnaher Umlaufbahnen eine Schlüsselrolle spielten, hat man veralten lassen. Ich kann gut verstehen, daß du den Kosmos beleben willst, da wir uns offensichtlich davon abwenden wollen: Weltraumflüge gehören einer vergangenen, auf Größe und Ruhm ausgerichteten Ära an und werden wohl nicht mehr unternommen.

Vor anderthalb Jahren haben wir hier in Esalen eine Konferenz über Virtual Reality abgehalten, und Howard Reingold offenbarte auf dem Podium vor dem Plenum eine einleuchtende Erkenntnis, als er sagte: «Mein Gott, jetzt verstehe ich, wozu die Virtual Reality gut ist – sie soll uns davon abhalten, jemals die Erde zu verlassen!»

RUPERT: Mir scheint, was die Kommunikation mit anderen Planeten betrifft, wird das SETI-Programm, das heute mit Radioteleskopen und High-Tech-Methoden arbeitet, nicht sehr weit kommen. Falls wir daran auf andere Weise herangehen sollten, möglicherweise mit Hilfe von Psychedelika, dann sprechen offenbar drei Punkte für uns. Erstens: Wenn wir versuchen, mit Wesen auf unserem eigenen Level, also mit biologischen Organismen auf Planeten irgendwo im Universum, zu kommunizieren, dann kann es durchaus sein, daß schamanische Reisen in den Himmel, die ja seit Hunderttausenden von Jahren eine uralte Tradition darstellen, bereits den Kontakt zu einer uns ähnlichen Ordnung aufgenommen haben.

Zweitens besteht die Möglichkeit einer Kommunikation mit einer höheren Art von Geist oder Intelligenz, wie dem Pazifischen Ozean, der Sonne, dem Sonnensystem oder der Galaxis. Ich meine, du hast diesen Gedanken zu früh verworfen. Der Gedanke, daß unser Geist nur ein ganz kleiner Teil eines sehr viel größeren geistigen Systems ist, unfaßbar für uns, weil es so viel größer ist, und mit anderen zeitlichen Größenordnungen operiert – dieser Gedanke ist natürlich eine ganz traditionelle Idee. Wir müssen aber nicht auf unserem Level bleiben. Vielleicht können wir ja mit diesen höheren

Intelligenzen durch das Gebet, die mystische Einsicht oder Intuition kommunizieren. Die meisten Formen der Mystik sind heute extrem verworren, denn sobald wir über den menschlichen Level hinausgeraten, fehlen uns Karten, nach denen wir uns orientieren könnten. Wenn sich das Gefühl einstellt, in der Natur eines Ortes aufzugehen oder in Gaia, im Sonnensystem, in der Galaxis, in den Galaxienhaufen, im Kosmos oder im vereinigenden Geist, der den gesamten Kosmos durchdringt, dann wissen die meisten Menschen doch gar nicht, wo das eine aufhört und das andere anfängt. Sie wissen nur, daß all diese Dinge größer sind als sie. Vielleicht hatten die Menschen früher einfach ein besseres Gefühl dafür, wohin sie gelangten. Die Annahme von den Hierarchien der Engel war eine Möglichkeit zu erkennen, daß es viele verschiedene Ebenen der Intelligenz oder des Geistes jenseits unserer eigenen gibt. Der dritte Punkt besteht darin, daß es bei der Kontaktaufnahme mit extraterrestrischen Intelligenzen vielleicht hilfreich wäre, diese Bemühungen auf bestimmte Teile des Himmels auszurichten. Es gibt ja alte Glaubensvorstellungen über die Eigenschaften bestimmter Sterne, und diese könnten darauf verweisen, was wir zu erwarten hätten. Beispielsweise galt Regulus im Sternbild Löwe als gutes Omen. Wenn man ihn betrachten und in einen anderen Zustand eintreten würde, nachdem man seinen Geist beschworen hätte, wenn man auf die angemessenen Gebete und Vorbereitungen zurückgreifen würde, dann könnte das Ergebnis eine Form von gezielter Geistreise sein, die über ein beliebiges Reisen hinausginge. Damit würde die Erkundung des Weltalls Neuland mit einem sehr geringen Budget erschließen. Da ließen sich eine ganze Reihe von Möglichkeiten eröffnen.

TERENCE: Ich glaube, das ist eine wunderbare Idee. Ich kann mir so richtig vorstellen, wie man sich ans Keck-Teleskop setzt, Algol auf den Bildschirm holt und dann DMT raucht ... Es könnte funktionieren! Ich zweifle keinen Augenblick daran.

RALPH: Ich kenne sogar jemanden, der ein solches Programm durchgezogen hat – ich selbst. Das technische Gerät, das dieses Projekt möglich machte und mich zu meinem Ziel, den Sternen, reisen ließ, war mein warmer Whirlpool, ein Instrument, dank dessen man auf angenehme Weise lange Zeit draußen sitzen und den Himmel beobachten kann. In erster Linie habe ich die Polarsternbilder und die Milchstraße erkundet. Ich habe entdeckt, daß eine Art von Unterhaltung mit der Milchstraße möglich ist, ebenso mit dem Tierkreis und den Tierkreiszeichen. Jedes von ihnen hat uns eine Menge über das morphische Feld zu sagen.

Ich komme noch einmal auf John Dee und seine Unterhaltungen mit Engeln zurück. Die Mathematik wurde von Dee als eine Heilkunst interpretiert, bei der die Sterneneinflüsse zur Heilung menschlicher Krankheiten herangezogen werden. Wir könnten diese Idee in einem größeren Maßstab anwenden, im Zusammenhang mit der Bedrohung unserer Zukunft und der Biosphäre. Wir könnten beispielsweise den Schutzengel der Anima Mundi bitten, uns in unserem planetarischen Dilemma beizustehen, indem er uns nicht als Einzelmenschen unterweist, sondern kollektiv als menschliche Spezies. Das war das Programm, das mir bei meinem Experiment vorschwebte. Ich bat um Rat in visueller Form, einer Vision von der Art, wie ich sie mit Hilfe von Maschinen reproduzieren wollte. Bislang habe ich noch keine Lösung für unsere Probleme erhalten, aber ich glaube wirklich, daß dies ein Programm ist, das ein einzelner Mensch durchziehen kann, sogar ohne Psychedelika. Es kostet nur enorm viel Zeit.

RUPERT: Wir können natürlich mit etwas uns Näherliegendem beginnen: mit der Sonne. In vielen Kulturen haben die Menschen bei Sonnenaufgang und Sonnenuntergang mit der Sonne kommuniziert. In Indien gehört es traditionellerweise zum täglichen Ritual, die Sonne zu begrüßen, wenn sie am Morgen aufgeht, um mit ihr eine bewußte Beziehung einzugehen. Unsere eigene Zivilisation basiert in einem außerordentlichen Maße auf dem, was man scherzhaft «Sonnenanbetung» nennt. Millionen Menschen beschäftigen sich im Winter damit, sich vorzustellen, an welchen Strand sie im Sommer fahren werden. Diese merkwürdige Bewegung in unserer Zivilisation, in Richtung auf eine neue Beziehung zur Sonne, ist relativ jung. Im 19. Jahrhundert lagen nur ganz wenige Menschen in der Sonne.

RALPH: Ich meine, wir sollten uns auch wieder einmal auf den Mond besinnen. Irgendwie ist die Mondsphäre unter den neun Himmelssphären für uns die wichtigste, da sie die Membrane für unsere Art von Leben ist. Einst glaubte man, daß alles innerhalb der Mondsphäre verfällt und stirbt und alles außerhalb der Mondsphäre von Ewigkeit ist. Der Mond wurde gewissermaßen immer als Grenze des sterblichen Lebens angesehen. Außerdem schaut jeder gern den Mond an, und vermutlich haben sich die Liebe und die emotionale Struktur des Menschen und des gesamten Säugetiersystems erst durch das Mondlicht entwickelt. Möglicherweise ließe sich am ehesten mit dem Mond eine Unterhaltung führen und dadurch unser Kontakt mit dem lebendigen und intelligenten Universum erneuern.

RUPERT: Ich gehe nicht davon aus, daß der Mond sehr viel Intelligenz oder Leben aufweist. Er ist der inaktivste Himmelskörper, den wir kennen. Die Venus andererseits ist ein turbulentes System, das eine Fülle von Möglichkeiten für chaotische Störungen und sich verschiebende Ordnungssysteme aufweist. Auch Jupiter besitzt diese außerordentliche turbulente Oberfläche. Den Saturn umgeben fein abgestimmte und zweifellos oszillierende Ringe, von denen viele empfindlich genug sind, um fließende Veränderungen wahrzunehmen und als Schnittstellen zwischen Körper und Geist zu dienen. All das geht dem Mond wohl so ziemlich ab.

RALPH: Okay, vielleicht ist der Mond ja stumm. Ich bin zwar nicht bereit, dies zuzugeben, aber mir ist klar, daß manche Menschen ihr Geld lieber auf eine andere Zahl setzen wollen. Unter den helleren Planeten ist Jupiter vermutlich derjenige, den die meisten

Menschen kennen. Jupiter und Saturn sind am Himmel fast wie Sterne sichtbar. Sie bleiben über einen langen Zeitraum in der gleichen Position und lassen sich leicht finden, auch ohne einen computergesteuerten Sternensucher. Wie wäre es also mit einer Kontaktaufnahme mit Jupiter oder Saturn?

TERENCE: Auf Jupiter finden unglaubliche chemische Vorgänge statt, und derzeit ist man der Meinung, daß es im Sonnensystem außerhalb der Erde am ehesten noch auf dem Mond «Europa» Leben geben könnte, da er sehr dichte, tiefe Ozeane mit flüssigem Wasser besitzt. Ja, vielleicht ist das ganze Ding nichts weiter als ein Wassertropfen, und es gibt keine festen Formen.

Ich würde allerdings sagen, daß diese anderen Arten von Leben derzeit meist nur in unseren Fieberphantasien existieren. Ich meine, es gibt dafür wohl so gut wie keine Beweise. Die Schwierigkeit bei dieser ganzen Diskussion über extraterrestrische Intelligenz oder nichtmenschliche Intelligenz besteht darin, daß sie gerade aufgrund ihrer Nichtmenschlichkeit entweder schwer zu definieren, uninteressant oder entsetzlich ist. Die Erfahrung einer Ich-Du-Beziehung bewegt sich vermutlich nur in einem ganz engen Spektrum. Wir können zwar hier und jetzt feststellen, daß die Sonne tatsächlich lebt und sprachlich hochbegabt ist und so weiter. Aber dadurch ändert sich kaum etwas an unserer Erfahrung, im Vergleich zu der Begegnung mit einem extraterrestrischen Wesen, mit dem wir Informationen austauschen könnten. Ich meine, es wird sehr schwer sein, eine Intelligenz als solche zu erkennen, wenn sie nicht ähnlich wie unsere ist. Schließlich bringen es ja nicht einmal Kroaten und Serben fertig, miteinander auszukommen.

RALPH: Aber wir sind ja bereits einer derart fremden Intelligenz begegnet – wir sollten sie vorläufig einmal das Transzendente Andere nennen. Angenommen, es stellte sich heraus, daß das Transzendente Andere sich nicht im hyperdimensionalen Raum befände, sondern daß es tatsächlich in einem Krater auf dem Mond lebte. Das wäre nicht nur eine interessante Entdeckung, es würde auch deine ganzen Vorstellungen von schamanischer Erfahrung völlig verändern.

TERENCE: Vorerst können wir diese Dinge nur mit Hilfe von Drogen lokalisieren. Mit anderen Worten: Wir können sagen, daß dieses Wesen auf der anderen Seite von 15 Milligramm Psilocybin lebt, aber nicht auf der anderen Seite von 75 Milliliter Ayahuasca. Vielleicht sind das ja keine befriedigenden Lokalisatoren, weil wir es nicht gewohnt sind, Moleküle als raum-zeitliches Agens anzusehen.

RALPH: Die morphische Resonanz stellt für uns einen Mechanismus dar, dank dem wir eine bestimmte Pflanzenart mit einem bestimmten Planeten verbinden können.

TERENCE: Gewiß, das ist die morphische Resonanz oder die Lehre von den Signaturen.

RALPH: Das ist richtig. Und es funktioniert nicht nur mit Pflanzen, sondern auch mit Mineralien. In John Dees System stellte alles eine planetarische Intelligenz dar.

TERENCE: Wir können diese Attraktoren-Tableaus nach dem Tag der Venus, nach der Stunde der Venus ausrichten, indem wir den Weihrauch der Venus verbrennen, das Lied der Venus spielen, das Gedicht der Venus vortragen, das ins Gewand der Venus, in die Farbe der Venus gehüllt ist, und dann wird tatsächlich etwas herauskommen, was etwas mit Venus zu tun hat.

RUPERT: Das ist ein faszinierendes Projekt, das praktisch ohne Kostenaufwand durchgeführt werden kann, und zwar von miteinander vernetzten Menschen, die ihre Ergebnisse austauschen. Diese von verschiedenen Sternen eingeholten Informationen könnten dazu beitragen, eine neue Synthese aus Astrologie und Astronomie herbeizuführen. Ein Wochenendseminar über Astronomie für

Astrologen wäre ein erster Schritt. Dies ist ein Projekt für die Zukunft, das meines Erachtens von einiger Relevanz hinsichtlich der Probleme wäre, über die wir hier gesprochen haben. Wenn wir im Hinblick auf das, was auf der Erde geschieht, nach Rat Ausschau halten, den wir ganz sicher brauchen, dann müssen wir erkennen, wie sehr wir in den Himmel, das Sonnensystem, die Galaxis, den Kosmos eingebettet sind. Bei dieser Beratung könnten Intelligenzen überall im Himmel eine wichtige Rolle spielen.

10 *Utopismus und Chiliasmus*

Ralph: Wir wollen uns heute morgen einmal als Dreieinigkeit begreifen und mit gewissen Traditionen dieser Art experimentieren, wie sie von Kulturhistorikern festgestellt werden.

Ich möcht zunächst einmal zwei bestimmte Themen darstellen, und zwar als zwei Möglichkeiten für unser Selbstverständnis in der historischen Tradition, und das sind der Utopismus und der Chiliasmus. Für Kulturhistoriker ist der Utopismus eine der Hauptströmungen der europäischen Geistesgeschichte. Eigentlich könnte man bereits die Idee der idealen Stadt in der antiken Welt, insbesondere die ideale Stadt, wie sie in Platons *Staat* entworfen wird, eine utopische Phantasie nennen, wenngleich Platon sie in der politischen Organisation einer bestimmten Stadt ja tatsächlich realisieren wollte und dafür ins Gefängnis kam. Folgen wir hingegen den Chronisten der europäischen Geistesgeschichte, so begann der Utopismus an einem ganz bestimmten Tag vor weniger als 500 Jahren. Das war der Erscheinungstag von Thomas Mores Hauptwerk *Utopia* im Jahre 1516. Der Begriff ist abgeleitet von dem griechischen Wort *utopos*, was soviel wie «nirgendwo» bedeutet. Das erste Charakteristikum der Utopia bestand also darin, daß sie geographisch nicht fixierbar war. Utopia war ein Traum, der nicht verwirklicht werden sollte, eine Fiktion, mit erfundenen Figuren und einer erfundenen Handlung, die verschiedene Aspekte eines Idealzustands behandelte, den unsere Kultur erstreben könnte.

Nach 1516 fand dieses Buch viele Leser, und es inspirierte zu einer Menge Nachahmungen, so daß ein umfangreiches Genre entstand, ein Korpus phantasievoller, spekulativer, teils erzählerischer, teils essayistisch-philosophischer Werke, der seither die Grundlage des utopischen Denkens bildet, und schon bald begann sich die Idee in echten Gemeinschaften zu realisieren, die nach den utopischen Idealen des einen oder anderen Romanciers oder Philosophen zu leben versuchten. Riane Eislers vor etwa zehn Jahren erschienenes Buch *Kelch und Schwert. Von der Partnerschaft zur Herrschaft* ist das ideale Beispiel eines nicht fiktiven utopischen Werks. Das Ehepaar Frank und Fritzie Manuel machten sich die Chronik des Utopismus zur Lebensaufgabe. Sie arbeiteten daran 25 Jahre und veröffentlichten das Resultat 1979 in einem Buch, das sich mit der Geschichte der Utopien ab 1516 befaßt. Auf 900 Seiten führten sie in der Reihenfolge des Erscheinens Tausende von Werken und Tausende von Gemeinschaften auf, die ihre utopische Idee verwirklichen wollten – und dabei scheiterten. Das letzte Kapitel des Buchs trägt die Überschrift «Dämmerung der Utopie». Für die Autoren endete der Trend in den sechziger Jahren unseres Jahrhunderts, als die Hippies von Kalifornien, Paris, Amsterdam und anderen Orten noch einmal ein neues utopisches Ideal in die reale Praxis umzusetzen versuchten und sogar eine auf idealen Prinzipien basierende planetarische Gesellschaft herbeiführen wollten. Dieser Versuch scheiterte total, und das klägliche Ergebnis ließ die Manuels zu dem Schluß kommen, daß der Utopismus nach knapp 500 Jahren ausgetrocknet und versiegt war. Gleichwohl hat es seit 1979, also nach der Veröffentlichung des Manuel-Buches, immer wieder Wellen einer Erneuerung utopistischen Geistes gegeben.

Ich habe bereits das 1987 erschienene Buch von Riane Eisler erwähnt. Weitere Sachbücher dieser Art sind Ruperts Buch *Die Wiedergeburt der Natur* und Terence' Buch *Food of the Gods*. Ich bin sicher, falls die Manuels eine überarbeitete Neuauflage ihres Buches herausbringen, dann würden sie Eisler, Sheldrake und McKenna bestimmt in ihre Liste aufnehmen. Mein eigenes, noch unveröffentlichtes Buch *Chaos, Gaia, Eros* könnte man als eine Art von Chaos-Utopie bezeichnen. Ruperts hat eine wissenschaftliche Utopie verfaßt, Terence hat eine psychedelische Utopie geliefert, Riane Eisler eine partnerschaftlich-politische.

Als der deutsche Theologe Paul Tillich 1951 über den Themenkomplex «Utopie» schrieb, verwies er auf dessen Trinitätsaspekt – auf die Dreieinigkeit der prähistorischen Göttinnen, die sich im Christentum als Heilige Dreifaltigkeit manifestierte: als Vater, Sohn und Heiliger Geist. Er erklärte, dieses speziell auf die Dreifaltigkeit abhebende Utopiemodell sei lange vor Thomas More (1516) vorgestellt worden, nämlich im 12. Jahrhundert, in den Werken des italienischen Mönchs Joachim von Fiore. Ich möchte euch eine Passage aus Tillichs Ausführungen über die trinitarische Struktur des utopischen Genres vorlesen, da sie uns unser historisches Selbstverständnis erleichtert:

> Daraus ergibt sich, daß in der weitaus überwiegenden Zahl dieser Utopien ein Dreitakt sich findet: ursprüngliche Verwirklichung, nämlich Verwirklichung des Wesens, Herausfallen aus dieser ursprünglichen Verwirklichung, nämlich der gegenwärtige Zustand, und Wiederherstellung als Erwartung, indem das, was herausgefallen war, woraus man gefallen ist, nun wieder verwirklicht wird. Einer der charakteristischen Züge dieses Dreitaktes ist folgender: Diejenigen, die diese Symbolik gebrauchen, haben fast durchweg das Bewußtsein, daß das Äußerste des Abfalls in ihrer Periode, in dem Moment, in dem sie leben, erreicht ist. Es ist jedesmal das letzte Zeitalter, aus dem heraus die Utopie geboren wird. Charakteristisch und vielleicht die beste Formel, die dafür gegeben worden ist, ist Joachim von Fiores Gedanke, daß wir im Zeitalter der vollendeten Sündhaftigkeit leben; Augustins Gedanke, daß die Weltreiche mit dem letzten, dem großen Römischen Reich, das er als Römer liebte, zu Ende gekommen sind und nun nur noch ein Reich bevorsteht, nämlich das Reich Gottes, das in gewisser Weise in der Kirche Wirklichkeit wird, aber endgültig erst nach der Geschichte verwirklicht werden wird; dasselbe in Indien, wo es immer die letzte Periode ist, in der der Theologe sich befindet, der von den Zeitaltern spricht; in Grie-

chenland, wo die Stoiker vom letzten, vom eisernen Zeitalter reden, dem schlechten; im Marxismus, wo der Klassengegensatz, der durch die ganze Geschichte geht, nun zu einem Punkt gekommen ist, wo der Umbruch unvermeidlich geworden ist, weil sonst die menschliche Situation nicht mehr zu retten ist; in den biologisch-faschistischen Ideologien, wo der Verfall, die *décadence* (Nietzsche) zu einem Punkt gekommen ist, der nicht mehr überschritten werden kann und wo der Gegenschlag erfolgen muß. Das heißt, der Dreitakt ist zentriert auf den Moment, in dem die Umkehr unmittelbar bevorsteht. Das ist eines der Chrakteristika für alles utopische Denken.

Die andere Denkströmung, mit der wir uns beschäftigen müssen, ist die Lehre der Millennarier, der Chiliasmus (von lateinisch *mille* bzw. griechisch *chílioi*, «tausend»), der seine Wurzeln in der jüdischen Vorstellung vom Messias hat, also von Gottes Rückkehr auf die Erde, um die Menschheit aus einer verhängnisvollen Sackgasse zu erretten. In der christlichen Überlieferung entwickelte sich daraus die Apokalypse, wie sie im Neuen Testament dargestellt ist und die davon spricht, daß Christus auferstehen und nach einer 1000 Jahre währenden Übergangszeit zum zweiten und letzten Mal auferstehen werde. Die Vorstellung eines solchen Millenniums geht nicht nur vom Jahr 1000 oder vom Jahr 2000 aus, sondern hat auch etwas mit der Vorstellung eines speziellen Zeitraums von 1000 Jahren zu tun, der unserer endgültigen Erlösung vorhergehe. Erlösung ist ein wichtiger Aspekt der Vorstellung vom Millennium.

Diese chiliastische Tradition beginnt tatsächlich nach dem Jahr 1000, als viele Menschen enttäuscht waren, daß der Messias nicht erschien. Terence spricht in seinem Buch von diesem ums Jahr 999 zentrierten Zeitraum von drei Jahren, in denen alles zu einem Stillstand kam. Danach begann die Hoffnung auf ein neues Millennium zu erwachen, es entwickelte sich eine umfassende Literatur und ein extensiver Aktionismus in Form von Volksbewegungen. Diese waren stets von einem Propheten initiiert oder angeführt, den charismatischen Führer einer zuweilen ziemlich umfangreichen Gruppe von Menschen.

Es gibt noch ein weiteres bedeutendes historisches Werk über diese Bewegung, und zwar Norman Cohns bereits vor nahezu einem halben Jahrhundert erschienenes Buch *Das Ringen um das tausendjährige Reich.* Es stellt einen umfassenden Katalog von Propheten und Bewegungen dar, deren Geschichte und Schicksal ausführlich behandelt und deren Ideen anschaulich analysiert werden. Wie der Utopismus ist auch der Chiliasmus ein Produkt des europäischen Geistes. Er ist in erster Linie im Umfeld des Christentums angesiedelt, wobei diese Gruppen von Millennariern ausnahmslos als Ketzer galten und vom einen oder anderen dogmatischen Aspekt der etablierten Kirche abwichen. Von dieser ketzerischen Tendenz abgesehen, wurde versucht, Gemeinschaften zu organisieren, die ein bestimmtes Gemeinschaftsideal verkörperten. Fast ausnahmslos gehörte dazu auch die sexuelle Freiheit – als Reaktion auf die Idee der Sünde und die Unterdrückung der Sexualität in der christlichen Tradition.

In der 1970 erschienenen revidierten Ausgabe von Norman Cohns Buch gibt es einen umfangreichen Anhang: die Übersetzung praktisch aller existierenden Schriften einer bestimmten Gruppe, die sich im 17. Jahrhundert gleichzeitig mit dem Aufkommen der Naturwissenschaften in England gebildet hatte. Dies waren die sogenannten Ranters. Als ich mich speziell mit dieser Gruppe befaßte, fielen mir gewisse Ähnlichkeiten mit unseren Erfahrungen in den sechziger Jahren auf, ebenso wie mit der gegenwärtigen Bewegung, deren Prophet offenbar Terence ist.

Die Struktur der Utopie ist triadisch: Was wir früher hatten, war gut, was wir jetzt haben, ist der schlimmste Niedergang, den die Menschheitsgeschichte je erlebt hat; morgen werden die Tugenden von gestern wiederhergestellt und vervollkommnet durch Verbesserungen oder sogar durch etwas, das noch weit besser sein wird als alles, was je zuvor war.

Auf der anderen Seite sind die Millennarier von der apokalyptischen Vorstellung beherrscht, daß die Menschheitsgeschichte in einem bestimmten Augenblick mit dem Eschaton enden wird, mit einem dramatischen finalen Moment. Zwei der bedeutendsten Vertreter dieser Auffassung sind mit Sicherheit Terence und José Argüelles, die sich beide nicht nur hinsichtlich des Eschatons einig sind, sondern auch im Hinblick auf das Datum – das Jahr 2012 –, wobei sie auf diesen Zeitpunkt mit völlig unterschiedlichen Methoden gekommen sind.

Zwischen diesen beiden Tendenzen des europäischen Geistes, dem Utopismus und dem Chiliasmus, gibt es gewisse Überlappungen sowie wichtige Ähnlichkeiten und ebenso wichtige Unterschiede. Irgendwo im Dunstkreis dieses Überlappens dürfen wir, glaube ich, unsere eigene Dreieinigkeit während der zehn Jahre unseres gemeinsamen Tuns und Treibens verstehen. Wenn es auch etwas egozentrisch ist, uns im Lichte dieser historischen Trends zu betrachten, können wir doch zumindest sagen, daß diese Trends uns – vielleicht unbewußt – stark darin beeinflußt haben, wie wir zu den Positionen gelangt sind, die wir vertreten. Sonst würden wir uns ja vielleicht mit den Ergebnissen anderer Menschen befassen, die unter dem Einfluß dieser Traditionen standen, während sie unbewußt auf die tiefen Rinnen im morphischen Feld unserer Kultur reagierten. Soviel zu diesem Kontext für unser Selbstverständnis.

RUPERT: Dieses Modell ist sehr erhellend. Damit werden eine Menge Dinge geklärt. Ich kann in mir beide Tendenzen – Utopismus und Chiliasmus – am Werk sehen. Die utopische Tendenz ist etwas, was beispielsweise klar im Sozialismus zum Ausdruck kommt. Ich bin viele Jahre lang Sozialist gewesen und habe geglaubt, daß es jenen Urzustand gegeben haben muß, in dem die Menschheit in Brüderlichkeit gelebt habe und auf den dann die große Entfremdung gefolgt sei, verursacht durch die Sklaverei, das Feudalsystem, das Aufkommen des Kapitalismus, den Industriestaat, den Imperialismus und so weiter – ganz der marxistischen Analyse entsprechend. Eines Tages würde die kapitalistische Ordnung gestürzt werden, wonach man schließlich zu einem primitiveren, nichtentfremdeten Zustand zurückkehre, in dem die Menschen in Gemeinschaften leben, ihre Güter miteinander teilen und der Staat dahinschwindet. Dies ist das marxistische Utopiemodell, das einen Millenniumsaspekt besitzt, da die rigorose Gesellschaftsrevolution ja ein neues Zeitalter einleitet.

Außerdem wurde ich während meiner wissenschaftlichen Ausbildung vom wissenschaftlichen Utopismus beeinflußt. Die erste wissenschaftliche Utopie war Sir Francis Bacons 1627 erschienenes Buch *Neu-Atlantis*. Darin stellt der Verfasser die Vision einer völlig neuen Weltordnung vor. Er schildert eine christliche Utopie mit einer wissenschaftlichen Priesterschaft, die von «Salomons Haus» aus ein Inselkönigreich regiert. Ein Schiff strandet auf dieser Insel, und die Passagiere lernen diese ideale Gesellschaft kennen. Alles ist rational geordnet, und die gesamte Forschungsarbeit wird von der Priesterschaft in Salomons Haus organisiert: Die Priester haben Gärten, in denen sie Pflanzen züchten, sie halten Tiere, um sie in vivisektorischen Experimenten zu untersuchen; sie haben Wellenmaschinen, so daß sie den richtigen Bau von Dämmen und Häfen studieren können; und sie erforschen anhand von Modellen Tiden und Unwetter. Sie versuchen auch eine universale Sprache zu entwickeln. Darüber machte sich genau hundert Jahre später der Satiriker Jonathan Swift im dritten Buch von *Gullivers Reisen* («Die Reise nach Laputa») lustig, worin er eine verrückte Akademie schildert, deren Mitglieder sich mit grotesken Projekten beschäftigen, etwa mit der Herstellung von Sonnenstrahlen aus Gurken.

Jedenfalls tauchte der wissenschaftliche Utopismus wieder auf in der Idee vom technisch-wissenschaftlichen Fortschritt, der eines schönen Tages die Menschheit aus den Banden von Armut, Krankheit und Sklaverei gegenüber den Elementen der Natur befreien werde. Tatsächlich führte dies zur Ideologie der modernen Welt: der wirtschaftlichen Entwicklung durch Wissenschaft und Technik.

Darüber hinaus gibt es den liberalen politischen Utopismus der Sozialisten und der Liberalen, die die Idee vertreten, daß man die Utopie nicht bloß durch Wissenschaft und Technik herbeiführen könne, sondern auch durch wirtschaftliche und politische Reformen. Ich habe lange Zeit daran geglaubt, und ich meine, die meisten von uns tun dies noch immer, weil es so tief in unserer Kultur verwurzelt ist.

Dann gibt es die New-Age-Bewegung, die glaubt, ein neues utopisches Zeitalter lasse sich durch die Wiedereinsetzung alter religiöser Traditionen, durch die forcierte Entwicklung menschlicher Potentiale und durch holistisches Denken und Handeln herbeiführen. Auch dieser Utopismus hat mich beeinflußt.

Ich glaube, Ralph hat recht, wenn er sagt, mein Buch *Die Wiedergeburt der Natur* sei ein Beispiel für die Neubelebung der utopischen Tradition. Darin geht es mir im wesentlichen darum, daß die Menschen früher die Natur als lebendig behandelten und daß eine Wiederbesinnung auf die Heiligkeit der Natur eine bessere Form der Beziehung zu ihr darstelle als die entfremdete, mechanistische Art und Weise, wie wir die Natur als eine Ansammlung von Rohstoffen betrachten, die sich um des Profits willen ausbeuten ließen. Diese Wiederbesinnung auf das Leben der Natur könnte zu einer neuen Art von postmechanistischer Kultur führen, in der der Mensch der Mittler der Ehe zwischen Himmel und Erde wäre und die menschliche Gesellschaft ins richtige Verhältnis zu beiden gelangte.

Was Terence betrifft, so ist er in seinem Denken halb Utopist, halb Millenarier. Zur utopischen Seite gehört die psychedelische Erfahrung und der mit ihr verbundene Glaube an eine alte Gesellschaft, in der es den Menschen wunderbar ging, weil sie harmonisch lebten, bereichert durch phantastische Visionen dank psychedelischer Pflanzen, insbesondere Pilzen. Und dann ging alles schief. Das Klima veränderte sich, die Erde trocknete aus, die psychedelischen Visionen stellten sich immer seltener ein, und an ihre Stelle trat eine armselige Ersatzdroge, nämlich der Alkohol. Ja, und dann lotet man die Tiefen aus, in die die moderne Gesellschaft abgesunken ist. Aber die ursprüngliche Harmonie läßt sich durch den massenweisen Verzehr von Pilzen, das Rauchen von DMT und andere psychedelische Aktivitäten anscheinend wiederherstellen. Das ist dann die Morgenröte der psychedelischen Utopie.

Ralphs Version ist eine mathematische Utopie. Hier wird der

große Regler sichtbar: die ewigen mathematischen Strukturen der mathematischen Landschaft, die fundamentalen Prinzipien, wie sie in der gesamten himmlischen wie terrestrischen Natur reflektiert werden. Und zwar nicht nur sichtbar für die Hohenpriester der Mathematik, sondern potentiell für jeden, nämlich durch das Medium der Computermodelle. Es gibt eine Art Demokratisierung der Gnosis, jenes direkten Wissens von den Fundamentalien, welches der Mathematik als Leitstern durch die Jahrhunderte und Jahrtausende dient. Dieses gnostische Sehen hinter die Kulissen wird allgemein verfügbar, und zwar nicht nur durch psychedelische Visionen, sondern auch durch Computermodelle, an denen viele Menschen teilhaben können.

Wenn wir uns nun überlegen, was passieren würde, wenn das Millennium verschoben würde, wenn dies alles nicht im Jahre 2012 passierte, verlassen wir zwangsläufig das Gebiet des Chiliasmus und betreten das Gebiet des Utopismus. Für Chiliasten ist das Ende normalerweise angenehm nahe, nicht zu nahe, aber doch nahe genug, so daß es zu unseren Lebzeiten kommen könnte. Unter diesem Gesichtspunkt ist 2012 ein großartiges Datum. Dem chiliastischen Szenario zufolge, also laut den jüdischen und christlichen apokalyptischen Büchern, insbesondere *Offenbarung des Johannes,* mit der die Bibel schließt, kommt es am Ende der Geschichte zu entsetzlichen Heimsuchungen, Erdbeben, Vulkanausbrüchen und anderen Katastrophen. Natürlich läßt sich ohne weiteres vorhersehen, wie sich all diese Dinge auf unsere Gesellschaft auswirken und zum unvermeidlichen Zusammenbruch, zur Katastrophe führen werden. Der einzige Ausweg ist eine wundersame Verwandlung, die Ankunft des Messias, das Herabsteigen mächtiger Engel oder, in einer von Terence' Versionen – er vermag sich dieses Ende der Geschichte auf vielerlei Weise vorzustellen –, irgendeine Art von kollektivem DMT-Trip. Die Apokalypse läuft auf eine Todes- und Wiedergeburtserfahrung hinaus, wobei wir eine furchtbare Zeit der Unruhe durchmachen und dann in einem neuen Reich des Seins auftauchen werden. Die apokalyptische Überlieferung bemüht sich gar nicht erst zu verhindern, daß es immer schlimmer wird – das ist für sie unvermeidlich. Und in einer Erwartung wie dieser befinden wir uns im Grunde alle: Wir verharren in dem Niemandsland zwischen Apokalypse und Utopismus.

Heute hängt kaum noch jemand dem althergebrachten sozialistischen Utopismus an. Und wer glaubt noch daran, daß die Welt durch mehr Wissenschaft und Technik unter der Herrschaft der Technokraten gerettet wird? Die Idee einer aufgeklärten, transnationalen Herrschaftsform, eine Vision, die den Vereinten Nationen oder der Europäischen Union zugrunde liegt, hat zwar noch immer eine gewisse Kraft und ist auch noch immer wichtig, aber ich kenne nicht viele Menschen, die sich noch allzusehr für dieses Konzept begeistern können, ich meine, als Lösung für all unsere Probleme. Diese utopischen Visionen, die das humanistische und sozialistische Denken in diesem Jahrhundert großenteils bestimmt haben, vertrauen auf rationale Reformen, auf Erziehung, Wissenschaft, Technik und Weltherrschaft. Die Umweltkonferenz von Rio de Janeiro 1992 war ein Versuch, diese Denkweise auf Probleme wie die globale Erwärmung und die Umweltzerstörung zu übertragen. Die Ergebnisse waren nicht gerade beeindruckend.

Diese utopische Strömung ist noch immer stark. In all unserem Denken ist stets ein utopisches Element. Doch aus unseren Diskussionen geht klar hervor, daß der Utopismus nicht genügt. Während wir uns dem Ende des Jahrhunderts nähern, befinden wir uns im Dunstkreis des Chiliasmus, ob uns das nun gefällt oder nicht. Alle Szenarien stehen uns vor Augen: die Aids-Seuche, verschiedene Giftkatastrophen, die Klimaveränderung, die Überbevölkerung. Das morphische Feld des Chiliasmus wird immer intensiver.

Ich würde gern von dir wissen, Terence, wie du über diese beiden Stränge denkst: Auf der einen Seite ist die Wiederbelebung des Archaischen psychedelischer Utopismus. Auf der anderen Seite ist die im Jahre 2012 endende Zeitwelle chiliastisch. Da du ja beide Stränge so beredt vertrittst, möchte ich gern wissen, wie sie deiner Meinung nach miteinander verbunden oder verknüpft sind.

TERENCE: Wenn wir uns auf das Gebiet der Ratio beschränken, gibt es für uns nur eine Alternative: die Utopie oder mehr Geschichte. Mehr Geschichte erscheint inzwischen immer weniger wahrscheinlich. James Joyce läßt seinen Helden Stephen Dedalus in *Ulysses* sagen: «Die Geschichte ist der Alptraum, aus dem ich zu erwachen suche.» Genauso geht es mir. Ich kann mir einfach nicht mehr tausend weitere Jahre menschlicher Geschichte vorstellen: mehr Kriege, mehr Entdeckungen, mehr Oben-ohne-Fotos von Fergie, mehr und mehr und endlos mehr, ohne jeden Sinn. Auf der anderen Seite sind die Versuche, Utopia zu errichten, immer aggressiver und entsetzlicher geworden. In diesem Jahrhundert haben wir drei solcher ernsthaften Versuche, Utopia zu errichten, erlebt: den der Sowjets, den der Nazis und den der Amerikaner. Ich denke, alle haben ein sehr schlimmes Ende genommen. Die nationalsozialistische Utopie endete im Zweiten Weltkrieg und hat den Faschismus total in Mißkredit gebracht. Die Sowjetunion hat sich in einem Chaos aufgelöst. Und die Utopie der amerikanischen Welthegemonie beginnt sich gerade aufzulösen. Wir müssen mit dem unwahrscheinlichsten Szenario rechnen, dem chiliastischen, und das ist eine irrationale Alternative. Der rationale Weg besteht darin, aus humanen Plänen, Träumen und Institutionen irgendeine humanere Ordnung zu bilden. Das ist die Hoffnung des Utopismus.

Ich glaube an das Millennium, aber ich meine auch, daß es eine Idee ist, die politisch handlungsunfähig macht. Ich sehe christliche Fundamentalisten, die ebenfalls ans Millennium glauben, herumagieren, und sie stellen in den modernsten aller Gesellschaften die große antiprogressive Kraft dar. Wie sollen wir auf dieses Dilemma reagieren? Ich denke, es lohnt sich, mal ein wenig vorauszudenken. Im Grunde reden wir hier doch über Ursprünge und Endpunkte, und bislang haben wir immer nur auf Endpunkte geschaut. Wie steht es mit den Ursprüngen? Wir kennen doch nur einen, praktisch unbestrittenen Mythos unserer Herkunft: Entweder hat Gott uns zusammen mit der übrigen Schöpfung in sieben Tagen erschaffen, oder das Universum wurde aus dem Nichts in einem einzigen Augenblick ohne jeden Anlaß geboren. Das sind doch die beiden

Wahlmöglichkeiten im Menü. Ich würde meinen, daß keine für Rationalisten so furchtbar zwingend ist. Wenn wir allerdings die wissenschaftliche Erklärung – nämlich daß das Universum in einem einzigen Augenblick dem Nichts entsprungen sei – für richtig halten, dann ist dies der Grenzfall der Leichtgläubigkeit. Wenn man das glauben kann, ja, zum Teufel, dann kann man alles glauben! Man stelle sich doch einmal etwas vor, was noch unwahrscheinlicher ist als diese Behauptung. Die Wissenschaft eröffnet mit einer Rechts-Links-Kombination, indem sie erklärt: «Setz ihnen das vor, und wenn sie es schlucken können, dann folgt ganz geschwind die Wasserstoffbindung, die Genabsonderung – was auch immer.» Aber zuerst muß man schwer schlucken.

Viele Schöpfungstheorien setzen ein Singularität voraus. Das heißt, um die intellektuelle Maschine anzuwerfen, mußt du das System verlassen, und dann bekommst du eine freie Hypothese, und sobald du die aufgebraucht hast, muß dein System ganz glatt bis zum Ende laufen. Die Wissenschaft braucht ihre eine freie Hypothese mit dem Urknall auf, indem sie praktisch erklärt: «Gebt mir die ersten zehn bis zwölf Nanosekunden, und wenn ich in dieser Zeit Hokuspokus machen kann, wird sich alles übrige auf ganz normale Weise ergeben.»

Ich glaube, wenn du eine freie Singularität in deinem Modellbau bekommst, dann solltest du sie nicht in einem eigenschaftslosen, dimensionslosen, prozeßlosen Supervakuum am Anfang installieren, sondern in einem Bereich mit vielen Temperaturvarianten, vielen Energieformen, vielen Sprachen, vielen chemischen Systemen, vielen unterschiedlichen Ebenen des Energieaustauschs, am Lebensende des Universums. Dann hast du nämlich nicht das Bild eines Prozesses, der von der Kausalität auf irgendeinen Wärmetod Milliarden von Jahren in der Zukunft zugetrieben wird, sondern das Bild eines Universums vor dir, das natürlicherweise auf einen Tiefpunkt in der Energielandschaft am Ende zufließt. Die Ordnung transzendiert sich selbst, produziert eine komplexere Ordnung, die sich transzendiert, was eine noch komplexere Ordnung produziert, und es ist durchaus denkbar, daß du – aus einem Prozeß von lawinenartig zunehmender Komplexität – tatsächlich irgend so eine Singularität bekommst. Diese Singularität wäre eine Art von Attraktor.

Dieses Modell ist zugegebenermaßen irrational, aber unsere kleine Diskussion über die Geburt des Universums sollte dich davon überzeugen, daß *alles* irrational ist. Die Irrationalität wirft dich ja nicht aus dem Spiel raus. Sie ist der *Name* des Spiels.

Da ich hoffentlich ein geistig gesunder Mensch bin, wechselt mein innerer Dialog hin und her zwischen dem vernünftigen Verlangen, die Rationalität zu bewahren und daher Kraft auf die utopische Hoffnung zu setzen, und Gedanken über das Ende der Zeit. Schließlich haben wir ja das Geld, die wissenschaftlichen Kenntnisse, die Kommunikationssysteme und so weiter, um all unsere Probleme zu lösen: die Hungernden satt zu machen, Krankheiten zu heilen, der Zerstörung der Umwelt Einhalt zu gebieten. Das Problem ist doch nur, daß wir unser Bewußtsein nicht so rasch zu verändern vermögen, wie wir Häfen ausbauen, Berge abtragen, Regenwälder abholzen, Staudämme errichten können. Weil ich dies erkenne, weil ich es von einem psychedelischen Standpunkt aus erkenne und mich nicht der Verzweiflung hingeben will, erblicke ich dann dieses transzendentale Objekt am Ende der Zeit. Das gehört nicht zum utopischen Schema. Das gehört zur chiliastischen Offenbarung. Es ist eine ganz hartnäckige Vorstellung, und zu allen Zeiten und an allen Orten ist diese höchst unwahrscheinlich Idee lebendig geblieben.

Wir verschließen die Augen vor einem in unserer Welt und unserer Zeit offenkundigen Endzielstreben. Ich meine, man muß schon eine Menge ungewöhnlichen intellektuellen Ballast mit sich herumschleppen, wenn man nicht sieht, wie die letzten tausend Jahre zu einer Maximierung von irgendeiner Reihe von Zielen hintendieren. Es ist zwar nicht der triumphale Einzugsmarsch in Gottes Königreich, wie er dem Christentum vorschwebt, aber es ist auch nicht das trendlose Fluktuieren, wie es im akademischen Hain gelernt wird. Wenn du in eine Universität gehst und die Professoren fragst: «Was ist Geschichte?», dann sagen sie dir, daß sie ein «trendlos fluktuierender Prozeß» sei. Sie meinen damit, daß er nirgendwo hinführt. Das ist nun wirklich interessant. Falls die Geschichte wirklich ein ganz und gar unberechenbarer Prozeß ist, dann ist sie der einzige derartige Vorgang, den man jemals wahrgenommen hat. Prozesse sind aber nicht trendlos, das ist eine sichere Erkenntnis der Dynamik. Prozesse laufen stets unter dem Diktat irgendeiner Reihe von Parametern ab, die maximiert werden. Wenn eine Wüste austrocknet, dann sinkt die Menge des Wasserdampfs. Maximiert wird also die Trockenheit. Den Ablauf der Geschichte, den Prozeß, in den der Geist eingebettet ist und durch den er sich selbst ausdrückt – diesen Prozeß für trendlos zu halten, ist eine existentielle Absurdität.

Platon hat gesagt, gäbe es die Götter nicht, würden die Menschen sie erschaffen. Wir erschaffen Gott. Unsere Kulturmaschine, unsere Träume von Integration und Gleichgewicht, unsere Sorge umeinander und um die Welt – dies sind gottähnliche Attribute oder den Göttern zustehende Beschäftigungen. Wir trachten danach, Gott zu sein, wenn wir davon sprechen, wir würden uns um die Welt kümmern. Wir wollen nicht Adam und Eva sein und auf den Früchten des Gartens Eden herumkauen. Wir wollen der Gärtner sein. Die Macht, über die wir verfügen, suggeriert uns, daß wir diese Träume verwirklichen werden. Wenn es kein reales Millennium mit einem realen Eschaton gibt, dann wird es ein virtuelles Eschaton geben, das mit solcher Sorgfalt und Liebe zum Detail erschaffen ist, daß es in gewisser Weise eine Alternativwirklichkeit wird.

Wenn du sagen würdest, daß dies in 1000 oder in 500 Jahren passieren wird, dann wäre das nichts weiter als ein interessantes Tischgespräch. Aber die Abschlußgeschwindigkeit, die Beschleunigung auf den Punkt Omega zu, ist exponentiell. Wir können uns das Jahr 2012 nicht vorstellen, wenn wir zwanzig Jahre zurückblicken und dann sagen, wir hätten noch genausoviel Zeit vor uns, bis wir diesen eschatologischen Augenblick erreichen. Partygäste langweilen einander mit der Bemerkung: «Haben Sie auch bemerkt, wie sich die Zeit beschleunigt?» Aber es ist in der Tat so: Die Zeit bewegt sich schneller, und wir pressen immer mehr Aktivitäten und Ereignisse in sie hinein. Ich möchte dies sehr ernst genommen wissen. Die Zeit beschleunigt sich wirklich. Nicht die menschliche Zeit, sondern die physikalische Zeit. Wir können uns vorstellen, wie wir mit einem Asteroiden kollidieren oder von Erdbeben oder sonst etwas zerschmettert werden, aber wir können nicht begreifen, daß wir uns auf einem Kollisionskurs mit irgendeinem hyperdimensionalen Raum befinden.

Die Menschen führen gegen die chiliastische Intuition stets den gleichen Einwand ins Feld: «Nun, Sie sagen, ein transzendentaler Raum existiere parallel oder tangential zur Geschichte – finden Sie es dann nicht ein wenig merkwürdig, daß die Kollision nach Milliarden von Jahren ausgerechnet zu Ihren Lebzeiten passieren wird? Was für ein Zufall!» Dabei ist das überhaupt kein Einwand, sondern ein Argument zugunsten meiner Position. Versteht ihr, die Geschichte ist die Posaune des Jüngsten Gerichts. Vor einer Million Jahren gab es nur Tiere und Pflanzen und Flüsse und Gletscher auf diesem Planeten. Die Menschheitsgeschichte allein ist schon eine Art Verkündung des Eschaton. Wenn ihr eine Tür öffnet, gibt es zuerst einen Spalt Licht, das in die Dunkelheit strömt. Genau das ist die Menschheitsgeschichte.

Wir haben die Tür einen Spaltbreit aufgemacht. Dieser Augenblick währt nur etwa 25 000 Jahre und läßt eine bis dahin nie gesehene Ordnung in der Natur entstehen, dargestellt durch eine technologische, sich einer Sprache bedienende, liebende, träumende Spezies. Wenn ihr die Tür aufstoßt, erkennt ihr, daß die Geschichte die Schockwelle ist, die dem Eschaton vorausgeht. Das ist schlicht und einfach ein christliches Dogma: Es gibt einen Bund zwischen den Menschenwesen und Gott dem Allmächtigen, und dieses Abkommen und Versprechen wird eingehalten werden. Ich glaube jedenfalls, daß es eingehalten wird, und die Wissenschaft muß sich der Herausforderung stellen, ihre Kämpfe mit der Religion beizulegen und uns in die Gegenwart des Eschaton zu geleiten, und zwar mit Hilfe all der von ihr bis zur Perfektion entwickelten Instrumente und Beschreibungsverfahren. Denn die richtige Einstellung gegenüber dem Eschaton besteht nicht allein im Gebet und im Opfer. Die richtige Einstellung besteht im wißbegierigen Verstehen, in der Neugier und in der freudigen Vorwegnahme.

Das Ende der Geschichte ist ein Objekt in der Natur wie das Elektron, die spiralförmige Galaxis und der menschliche Körper – «ein komplexer Nexus», um es mit Whitehead zu sagen, von zeitlicher Komplexität, auf der unsere Existenz beruht. Ohne das Eschaton würde es keine Menschen geben – keine Pyramiden, kein Stonehenge, keine katholische Kirche, keinen Schamanismus – keins dieser Dinge würde existieren. Sie sind die Vorläufer der Vollkommenheit am Ende des morphogenetischen Prozesses menschlicher Selbstdarstellung, denn nichts anderes ist die Geschichte. Das heißt, wir sind ein Teil davon, und zwar in dem Sinne, daß wir die individuellen Atome repräsentieren, die zusammenfließen, um das transzendentale Objekt am Ende der Zeit zu bilden.

Ich werde lange vor 2012 aussteigen, falls andere Menschen nicht anfangen sollten, die Dinge so zu sehen wie ich, denn teilweise, wenn ihr so wollt, besteht die Prophetie ja darin, daß sich das Wissen um dieses bevorstehende Ereignis verbreiten wird, und zwar nicht einfach nur durch jene Leute, die ihre Inspiration aus Prophetenbüchern oder durch Drogen beziehen, sondern auch unter den Menschen, die Teilchenphysik, Zeitmatrizen und allgemeine Naturmodelle studieren. Ohne diese Art von Singularität läßt sich die Natur nicht sinnvoll verstehen. Die Wissenschaft hat dies erkannt, allerdings hat sie die Singularität außer Reichweite und sicher in die Vergangenheit verlegt. Damit aber läßt sich der Organismus, die Intelligenz oder die Geschichte nicht erklären. Um dies zu tun, müßt ihr diesen geheimnisvollen Augenblick der sich konkretisierenden involutionären Totalität im Endzustand ansiedeln. Das ist eine Frage von schlicht logischer Notwendigkeit. Die Tatsache, daß dies vom psychedelisch betriebenen visionären Schamanismus zustande gebracht wurde, zeigt, zu welch ähnlichen Schlußfolgerungen diese beiden Methoden gelangen.

RALPH: Ich will doch sehr hoffen, daß wir im Jahre 2012 zu einem weiteren Trialog zusammenkommen werden. Dann bin ich 76. Ich müßte es eigentlich noch schaffen.

Ich möchte weiterhin versuchen, euch dazu zu bewegen, auf eine andere Diskussionsebene im hermeneutischen Zirkel zu springen, indem wir uns selbst in diesen größeren Traditionszusammenhängen begreifen. Terence, ich würde gern deine chiliastische Besessenheit im Kontext einer tiefen Gewohnheit betrachten, einer Rinne im morphischen Feld unserer Zivilisation: Wir haben gewisse Denkgewohnheiten im Hinblick auf die Zeit. Wir haben Philosophien über die Zeit und betrachten die Zeit nach bestimmten Modellen. Die Vorstellung, daß die Zeit jeweils eine Singularität am Anfang und am Ende besitzt, ist ein Modell der Zeit, und wie Rupert ja bereits bemerkt hat, ist es leichter zu glauben, daß es eine Singularität am Ende gibt, wenn man an den Urknall glaubt.

TERENCE: Es spricht mehr dafür, daß es eine Singularität am Ende gibt.

RALPH: Ich habe eher den Eindruck, daß wir es mit einer ganz symmetrischen Situation zu tun haben und daß zwischen der Singularität am Ende und der Singularität am Anfang kein Unterschied besteht. Es gibt noch ein weiteres Modell der Zeit, das zyklische – dies ist der endlos wiederholte Zyklus der vier Zeitalter, wobei es ein Goldenes Zeitalter nicht nur in der Vergangenheit gibt, sondern ebenso in der Zukunft. Eine Abwandlung davon ist das Trinitätsmodell, wie es von Joachim von Fiore aufgestellt worden ist, als er aus dem klassischen Vier-Epochen-Modell ein Drei-Epochen-Modell machte, um nicht mit der christlichen Trinität in Konflikt zu geraten. Diese beiden Gewohnheiten, auf denen im Grunde die utopische und die chiliastische Besessenheit der menschlichen Spezies im Laufe dieses historischen Zeitraums von 6000 Jahren beruht, wurden dadurch ermöglicht, daß gewisse mathematische Modelle der Zeit ins Bewußtsein traten. Zuerst müssen wir eine Linie verstehen, dann stellen wir uns ein lineares Modell der Zeit vor, dann verstehen wir Kreise, wenn unser mathematisches Bewußtsein zunimmt.

Seit einiger Zeit haben neue Modelle der Zeit Konjunktur. Du hast beispielsweise einen gewaltigen Beitrag zur Geschichte der Philosophie der Zeit geleistet, indem du ein fraktales Modell der Zeit aufgestellt hast. Ebenso hat die Chaostheorie viele neue Modelle der Umwandlung aufgestellt, die die Singularitäts-Konzepte übersteigen. Unsere mathematischen Fähigkeiten haben sich inzwischen so weit entwickelt, daß wir viele andere Formen der Umwandlung in der Natur erkennen können, die durch die Zeit geschehen. Die Philosophie des New Age geht von einer sozialen Umwandlung aus, einer künftigen Geschichte, die gar nicht so langweilig ist. Der Traum von einer historischen Umwandlung ist historisch belegt. Du hast gesagt, die Geschichte sei die Posaune des Jüngsten Gerichts. Wenn wir unsere Vorstellung von dem, was da vor sich geht, mit der Geschichte vergleichen, sehen wir, daß nichts darin für das Eschaton spricht. Dies ist eine bestimmte Interpretation, die auf einem sehr archaischen Modell beruht, dem ältesten Modell der Zeit in der Geschichte des Bewußtseins.

Terence: Zunächst einmal hast du gesagt, daß die beiden Möglichkeiten: eine Singularität am Anfang oder eine am Ende des Prozesses der Entwicklung des Universums – daß diese offenbar ...

Ralph: ... gleichermaßen unwahrscheinlich sind, wie du betont hast.

Terence: Das habe ich so nicht behauptet. Ich habe vielmehr gesagt, meiner Meinung nach sei es viel wahrscheinlicher, die Singularität am Ende eines Prozesses anzutreffen, wenn man es mit großer Komplexität zu tun hat, als zu glauben, sie würde aus einem Zustand des absoluten Nichts entspringen.

Ralph: Die Geschichte ist durchaus vereinbar mit der Vorstellung von einer bevorstehenden, erstaunlichen, schwierigen und kreativen sozialen Umwandlung in unmittelbarer Zukunft. Die Umwandlung wird ein chaotischer Übergang von einem Attraktor zu einem anderen sein, eine Zeit der Destabilisierung, wenn jeder historische Zwang aufgehoben ist, das Neue die Kraft hat, tatsächlich etwas zu bewirken, statt ständig nur frustriert zu sein, und dann werden wir eines Morgens aufwachen und in der Zeitung lesen, daß die Sonne auf eine andere Weise aufgeht. So etwas ist schon vorgekommen. Menschen haben dies festgehalten, die über Geschichte geschrieben haben, nach welchem Modell auch immer – dem zyklischen, dem linear fortschreitenden oder sonst einem Modell. Die Geschichte geht eine langweilige Zeitlang so weiter, schließlich gibt es eine Destabilisierung, und dann kommt es zu einer raschen Wende und zu einem neuen Gleichgewicht. Unter diesen verschiedenen Gleichgewichten gibt es auf lange Sicht vielleicht eine Art von Progression. In diesem Modell kündigen sich katastrophale Umwandlungen durch Heimsuchungen und Katastrophen und die Auflösung etablierter Strukturen an, und daraus erhebt sich, wie Phönix aus der Asche, eine neue Ordnung, die vielleicht ganz großartig ist. Den umfassendsten Einblick in dieses Umwandlungsmodell der Geschichte bietet die Darstellung der Erdgeschichte, die James Lovelock in seinem Buch *Das Gaia-Prinzip* (1991) gegeben hat. Darin beschreibt er die ganze Geschichte des Lebens auf dem Planeten als eine Reihe von Gleichgewichten, die durch katastrophale Umwandlungen gestört wurden. In der Geschichte des Planeten gibt es acht wirklich große Umwandlungen, die letzte war vor 65 Millionen Jahren.

TERENCE: Das zeigt, welch geringe Bedeutung er der Menschheitsgeschichte beimißt.

RALPH: Aus dieser Sicht könnte sogar die menschliche Spezies verschwinden. Danach würden zwar vielleicht nur noch Mikroben ein einsames Dasein fristen, aber sie bestehen immerhin weiter, die Biosphäre wird nicht ausgelöscht, das Leben nicht vorbei sein. Vielleicht ist das Eschaton ja nur für die menschliche Spezies da.

TERENCE: Das Gegenteil, nämlich die Vorstellung, daß dies nichts als eine weitere Renaissance oder eine weitere Wiedergeburt der Gotik sein könnte, würde ich schon deswegen nicht akzeptieren, weil solche Durchbrüche zu etwas Neuem immer schneller stattfinden. Was Lovelock auch immer mit etwas verbindet, was vor 65 Millionen Jahren passierte – seitdem haben sich doch ein paar hochinteressante Dinge ereignet, wie alles in der Welt des Menschen. Wenn du die Menschheitsgeschichte, die Technik, die Ausbreitung von Menschen und Genen und so weiter betrachtest, dann ist doch klar, daß wir an eine Art von Grenze gelangt sind. Vielleicht erlebst du ja noch eine weitere Renaissance, bevor du gegen die Wand knallst, aber nicht ein Dutzend oder hundert. Dies ist eben nicht die Renaissance, dies ist nicht die Auferstehung Roms – dies ist die endgültige globale Krise. Die objektiven Daten geben mir recht.

RUPERT: Aber das ist doch provinziell gedacht. In gewisser Hinsicht ist die chiliastische Vision ja ein Produkt des historischen Modells, das sich in einem gewissen Bereich des menschlichen Bewußtseins gebildet hat – im jüdisch-christlich-islamischen. Genausogut könntest du behaupten, all dies sei eine Art von sich selbst erfüllender Prophezeiung. Nachdem diese chiliastischen Visionen in die Welt gesetzt worden waren, wurde unsere Geschichte von chiliastischen Visionen vorangebracht, die ja erst die Entdeckung von Amerika, die Erschließung der Neuen Welt, das Aufkommen von Wissenschaft und Technik, die Entwicklung der Atombombe ermöglicht haben. Die meisten Dinge, die an der Krise schuld sind, sind vom Menschen gemacht.

Selbst wenn wir an dieser Wand der Geschichte hier auf Erden zerschellen sollten, halte ich es doch für ganz ausgeschlossen, daß das übrige Sonnensystem einfach den Laden dichtmacht und aussteigt, ganz zu schweigen von der Galaxis, den Galaxienhaufen.

TERENCE: Und das sagt ausgerechnet jemand, der glaubt, daß die Sonne lebt!

RUPERT: Die Sonne könnte eine gewaltige Umwandlung erleben. Ich gestehe dir auch noch das gesamte Sonnensystem zu. Aber es bleibt ja noch immer eine ganze Menge übrig – der Rest der Galaxis etwa.

TERENCE: Vielen Dank ... Die Galaxis kann sich um sich selbst kümmern.

RUPERT: Die Frage ist doch, ob wir über das Schicksal des Menschen auf Erden reden oder über das Schicksal der Erde oder über das Schicksal des Sonnensystems. Oder geht es um den gesamten Kosmos, um unzählige Trillionen von Galaxien und Sterne? Ich kann einfach nicht glauben, daß die Art von Umwandlung, von der du sprichst, ja, selbst die Implosion des gesamten Sonnensystems mehr als ein paar ganz winzige Schockwellen auch nur in unserer eigenen Galaxis auslösen wird.

TERENCE: Dieser Einwand impliziert, daß du wirklich glaubst, es gäbe Millionen von Lichtjahren Raum und Zeit, die mit spiralförmigen Galaxien angefüllt sind. All das könnte nichts weiter als ein zarter Schleier sein. Die wahre Größe der kosmischen Bühne ist ein heiß umstrittenes Thema, selbst unter Fachleuten. Wenn du sagst, daß es nur ein lokal beschränkter Vorgang ist, stellst du die Position der Universalisten in Frage. Wir haben doch nur eine Alternative – entweder das, was du verächtlich Provinzialismus nennst, oder das, was du genauso verächtlich Universalismus nennst. Es gibt nur das eine oder das andere. Mir selbst ist bei dem universalen Ding nicht wohl. Mir ist allerdings genausowenig wohl bei der Vorstellung, daß das Universum, wie es von Newtonschen Astronomen beschrieben wurde, absolut nicht in Frage gestellt werden dürfte. Das anthropische Prinzip, das Astronomen inzwischen bei ihren Überlegungen zulassen, legt ja nahe, daß die Sterne vielleicht in ihren Bahnen nicht so fixiert sind, wie wir es uns vorstellen, und daß in irgendeiner Weise Ereignisse auf der Erde eine Art kosmischer Bedeutung haben könnten.

RUPERT: Die apokalyptische Tradition entspricht eher Ralphs Version. Ihr zufolge wird nicht alles plötzlich in einem blendenden Licht verschwinden. Es gibt eine Zeit der Umwandlung, auf die das Millennium folgt, das heißt, eine Zeit, in der das Königreich des Himmels auf Erden Wirklichkeit wird. Das ist etwas, was deiner Version fehlt. Du denkst nicht über das Jahr 2012 hinaus.

Ich neige, wie Ralph, eher zum traditionellen Chiliasmus, also zu einer Übergangszeit, der das Königreich des Himmels auf Erden folgt. Ich glaube, damit könnte folgendes verbunden sein: erstens vor allem der allgemeine Einsatz von Psychedelika, zweitens die Wiederbelebung des Animismus, drittens mathematische Objekte, die für alle durch Computer sichtbar sind, und viertens die Kommunikation mit den Sternen. Durch bewußte Kommunikation wird sich ein Netz des Bewußtseins weit über die Erde hinaus zu anderen Sternen, anderen Galaxien knüpfen lassen. Es wird ein Jahrtausend dauern, bis diese Vernetzung des Bewußtseins durch den gesamten Kosmos vollzogen ist, und dann könnte am Ende das wahre und absolute Eschaton möglich sein. Derzeit wäre es auf die Erde oder allenfalls auf das Sonnensystem beschränkt.

TERENCE: Ich glaube, dieses Jahrtausend sollte auf eine andere Größenordnung reduziert werden. Es wird wohl nur ungefähr zehn Jahre dauern. Wir werden die Psychedelika legalisiert und Aids besiegt haben, überall Orgien feiern, es wird genug Nahrung für alle vorhanden sein, und dieses Millennium wird, meine ich, irgendwann um 2002 heraufdämmern. Diese Prophezeiung von 1 000 Jahren war doch naiv, weil sie in einem anderen Zeitalter mit einer geringeren Komprimierung der Zeit aufgestellt wurde. Und dann werden wir uns ganz natürlich auf die Offenbarung des Eschaton irgendwann um das Jahr 2012 einstellen.

11 *Pater Bedes Brief*

RUPERT: Ich möchte euch einen Abschnitt aus dem letzten Brief vorlesen, den ich von meinem Lehrer, Pater Bede Griffiths, bekommen habe. Ihr wißt vielleicht, daß er ein englischer Benediktinermönch war, der fast vierzig Jahre in Indien gelebt hat, wo er 1993 im Alter von 86 Jahren starb, in seinem Ashram am Ufer des Cauvery im südindischen Tamil Nadu. In dieser Gemeinschaft habe ich selbst zwei Jahre gelebt und dort auch mein erstes Buch *Das schöpferische Universum* geschrieben, das Pater Bede gewidmet ist. Diesen Brief hat er mir Anfang November 1992, an Allerseelen, geschrieben, und zwar als Reaktion auf unser Buch *Denken am Rande des Undenkbaren.*

Mein lieber Rupert,
ich habe gerade die Lektüre Deiner Gespräche mit Ralph und Terence beendet. Ihr seid ganz sicher drei junge Revolutionäre (ihr seht alle so jung aus). Euer Buch stellt einen Entwurf der Zukunft dar, wie ich ihm noch nie begegnet bin, und befaßt sich mit jedem Aspekt des Lebens, wie wir es heute kennen. Das einzige, was mir darin zu kurz zu kommen scheint, ist die Rolle des Mystischen, der Aspekt der Einheit, die alle Dualitäten transzendiert. Eure Auffassung von der Apokalypse ist sehr beeindruckend, aber Ihr solltet doch daran denken, daß alle Zeit und aller Raum in der transzendenten Einheit enthalten ist, die viele Vielfalt umfaßt. Die Tibeter erkennen dies ganz klar. Die Vielfalt der For-

men ist eine Manifestation der einen formlosen Wirklichkeit. Ich glaube, daß David Bohms Vorstellung von der impliziten Ordnung von sehr großer Bedeutung ist. [Zur Erläuterung: Der Quantenphysiker David Bohm behauptet, daß sich hinter unserer Erfahrungswelt, der expliziten Ordnung, eine unsichtbare, nicht manifeste Quelle befinde, die implizite Ordnung, die eine Entwicklung als Ergebnis eines Feedbacks von der expliziten Ordnung durchläuft.]

Das Chaos ist die ursprünglich *undifferenzierte* Einheit, die prima materia des Aristoteles, in der alle Formen enthalten sind. Sobald das Bewußtsein aus der ersten Einheit entsteht, werden die verschiedenen Formen des Seins nach und nach expliziert. Du kannst Dir das als die Entstehung der Form aus dem ursprünglichen Chaos oder als die Herkunft der Form aus dem ursprünglichen Geist vorstellen. Materie ist Form, die aus Chaos entsteht, Geist ist Form in ihrer ursprünglichen Einheit. Mit anderen Worten: Materie ist Form, die aus dem Unbewußten entsteht, Geist ist Form, die sich der Materie vermittelt. Materie ist die Mutter, das empfangende Prinzip (das Yin), Form ist der Vater, das aktive Prinzip (das Yang). Aber all diese Prinzipien sind Ausdrucksmöglichkeiten des differenzierenden Bewußtseins, das selbst jenseits der Differenzierung ist. Daher gehen wir von einem undifferenzierten Bewußtsein zu einem differenzierten Bewußtsein über. Das Bewußtsein trennt, aber nur um wiederzuvereinen. Die Gefahr besteht darin, daß wir im differenzierten Bewußtsein steckenbleiben, und das ist unser gegenwärtiger Zustand. Doch alle Differenzierung führt zurück zu einer Einheit, die die Unterschiede übersteigt. Dies ist der endgültige Zustand des Nirwana, des Shunyata- oder Nirguna-Brahma, des Brahma ohne Eigenschaften. In der Trinität kommt alles aus seiner ursprünglichen Quelle im Vater jenseits der Differenzierung, geht ein in den Sohn in der ganzen Vielheit des Universums und kehrt zurück in den Geist zur ursprünglich transzendenten Einheit – aber nun in vollem Bewußtsein.

So also sehe ich das, aber Du vermittelst eine Fülle neuer Einsichten aus der Wissenschaft, die mir neu sind. Was die Erziehung betrifft, halte ich es für wichtig, daß sie auf der traditionellen Religion basiert, sei sie nun die der Hindus, der Christen oder der Indianer. Eine Tradition verbindet auf lebendige Weise mit der Vergangenheit und ermöglicht es einem, heranzuwachsen. Natürlich kann sie auch das Wachsen verhindern, aber unsere Berufung ist es ja gerade, die Tradition wachsen zu lassen und gleichzeitig offen zu sein gegenüber allen neuen Einsichten, die sich uns darbieten. Ich meine aber, es würde nur zu Enttäuschungen führen, wenn man nicht seinen Ausgang nähme von einer Verwurzelung in der Tradition.

Pater Bede meint also, daß wir in unserem ersten Buch nicht viel über die transzendente Quelle gesprochen haben, dabei sind wir im Laufe unserer Diskussionen immer wieder darauf eingegangen, insbesondere im Zusammenhang mit dem, was Terence über den kosmischen Attraktor sagt. Diese Einheit, von der Pater Bede spricht, enthält alle erdenkliche Vielfalt, weil sie die gesamte Formenvielfalt in der Schöpfung enthält. Wenn bei ihm von der Einheit, die alle Dualitäten transzendiert, von dieser Einheit, die alle Vielfalt umfaßt, die Rede ist, dann hört sich das für mich sehr nach dem an, wovon Terence spricht.

TERENCE: Ganz recht. Das ist absolut das gleiche. Ich meine, daß wir seit dem Erscheinen von *Denken am Rande des Undenkbaren* mehr und mehr dazu tendieren, genau dieses Problem anzusprechen. Ich habe überhaupt kein Problem damit. Es gehört ganz sicher zum Gesamtbild.

RALPH: Ich weiß nicht, ob wir je diesen Punkt ausdiskutieren werden. Meine eigenen Ansichten über das Mystische und die Einheit der Phänomene in der Welt befinden sich noch immer in der Entwicklung. Unser Trialog fördert ja ständig unterschiedliche Ansichten über die Details dieses Bildes zutage, in dem alles und jedes miteinander verknüpft ist. Genauer gesagt: Ich meine, besonders unsere letzten Diskussionen haben die Funktion gehabt, den Dualismus zu verringern, zumal unsere Diskussionen über den Himmel. Als wir uns über die Lokalisierung des Himmels aus einer ganz konkreten Perspektive unterhielten, gelangten wir zu einer Art von Integration in einer Einheit von allem und jedem. Ich stellte mir dabei eine Einheit des Dualismus von Form und Materie oder Energie vor, und zwar nicht nur als eine Einheit hinsichtlich einer ursprünglichen Ursache oder eines ursprünglichen Eschatons, sondern zu jeder Zeit. Auch im gegenwärtigen Augenblick gibt es die Interaktion von Materie und Geist innerhalb der Integrität eines einzelnen Phänomens oder eines überzeitlichen Objekts. Selbst jetzt enthält die Entelechie oder das kausale Phänomen einen Zeitbegriff, der spezifischer und spezieller ist als beispielsweise Brahma, die Einheit von allem und jedem, die Geist und Welt in einem ist.

Wir haben in unserer Diskussion Himmel und Erde zu integrieren versucht, indem wir eine Tür zu den paranormalen Dimensionen an jedem Punkt im gewöhnlichen Raum und in der gewöhnlichen Zeit lokalisierten. Dies ist eine Art von zeitloser Integration, in der die Gesamtheit der Zeit eine Art von Ausschnitt in diesem überzeitlichen kausalen Objekt wird. So wie ich das sehe, unterscheidet es sich doch ein wenig von der Idee des Eschaton, des Attraktors am Ende der Zeit.

RUPERT: Das ist die holographische Matrix, das Alles-in-allem-Modell.

TERENCE: Dabei geht man davon aus, daß die höhere, überzeitliche Dimension von überall her im Raum und Zeit zugänglich ist. Ich vermute, das ist genauso wie beim Unterschied zwischen individueller und kollektiver Erlösung, wenn man glauben muß, daß das Individuum an jedem Punkt den Prozeß abkürzen und bis zum Grund vordringen kann, obwohl doch die Spezies eindeutig in einem größeren Drama gefangen ist, das sich gemäß seiner eigenen Dynamik erst entfalten muß, bevor es sich vollendet.

RALPH: Ich gebe dir recht, daß die gewöhnliche Realität in Raum und Zeit angesiedelt ist und daß die individuelle subjektive Erfahrung der Zeit genau das ist, was sie zu sein scheint. Aus der individuellen Perspektive läßt sich das Modell, die Urform, das Chaos innerhalb der gewöhnlichen Realität entweder am Anfang oder am Ende der Zeit vorstellen. Eine wahrhaft transzendentale Vision sieht in der Zeit eine Art niedrigerdimensionales Phänomen im allumfassenden Bild der Alleinheit der Realität.

RUPERT: «Zeit ist das sich bewegende Abbild der Ewigkeit», hat Platon das Phänomen «Zeit» definiert.

RALPH: Und die Ewigkeit steht nicht etwa am Ende der Zeit.

RUPERT: Ich meine, wir stehen da vor einem Problem, weil alle platonischen Formulierungen auf einer zyklischen Vorstellung vom Universum beruhen. Die evolutionäre Vorstellung, die ich mit Whitehead und Terence teile, beruht demgegenüber auf einem anderen Zeitmodell, nämlich von der Zeit als einer Entwicklung oder Bewegung auf ein Ende oder ein Ziel zu. Das Problem der Ewigkeit und der Zeit, mit dem sich die Theologen, Metaphysiker und Philosophen dieses Jahrhunderts herumgeschlagen haben, unterscheidet sich aufgrund der Evolutionstheorie von den Problemen, vor denen ihre Vorgänger standen. Teilhard de Chardin versuchte die traditionelle Theologie der evolutionären Weltsicht anzupassen, und in Indien hat Sri Aurobindo eine ähnliche evolutionäre Vorstellung entwickelt.

Einerseits gibt es die Vorstellung von einer transzendenten Realität, die endlose Zyklen der Wiederkehr erzeugt – den großen Atem des Brahma, das Große Jahr und ähnliche Dinge. Andererseits gibt es ein Modell, bei dem sich das ganze Ding auf ein Telos hin entwikkelt, ein Endziel oder einen kosmischen Attraktor. Diese evolutionäre Anschauung, die grundlegend ist für meine eigene Arbeit und für die Idee der morphischen Resonanz, beruht auf der Asymmetrie in der Zeit. Die Evolution beruht auf einer Asymmetrie in der Zeit, auf einer zunehmenden Formenvielfalt ebenso wie auf dem Erscheinen von Neuem. All diese Dinge lassen sich nicht so ohne weiteres mit traditionellen theologischen Anschauungen in Einklang bringen.

Wenn du von der Vorstellung von Zyklen ausgehst, dann existieren das Transzendente und das Zeitliche in einer Art fortdauernder, mehr oder weniger ewigen Beziehung. Die Zeit als das sich bewegende Abbild der Ewigkeit dreht sich ständig im Kreise, und das ist die größte Annäherung an die ewige Bewegung, die den Griechen oder sonst jemandem seinerzeit möglich war. Das ist jedoch nicht die evolutionäre Version, in der sich die Zeit zunehmend schneller bewegt, wie Terence uns erklärt hat, auf eine Art von kosmischer Kulmination hin.

Dies ist von Anfang an ein Problem in der christlichen Theologie gewesen, weil die Christen auf der einen Seite die griechische neuplatonische Philosophie übernahmen, während auf der anderen Seite tief in der jüdisch-christlichen Überlieferung die Vorstellung von einem Prozeß in der Zeit ruht, der sich auf eine Kulmination hin bewegt, eine Apokalypse, das Eschaton, den Messias, die Zweite Auferstehung, das Millennium. Diese Spannung hat sich in diesem Jahrhundert noch verstärkt, weil wir die evolutionäre Anschauung so ernst genommen haben, samt der darin implizierten Vorstellung, daß sich die Dinge auf ein Ende, eine Kulmination, ein Ziel hin bewegen. Heute sehen wir das gesamte Universum wie das Leben und die Entwicklung des Menschen unter dem Aspekt dieses evolutionären Entwicklungsprozesses. Früher stellte man sich vor, das Universum sei seit seiner Erschaffung mehr oder weniger statisch, kreise endlos um sich selbst, und die Menschen seien in diesen ewigen und endlosen Prozeß einbezogen.

RALPH: Ich wünschte, Pater Bede wäre hier, um uns zu unterweisen. Ich interpretiere seine Worte dahingehend, daß das evolutionäre oder linear-progressive Modell eigentlich eine Verleugnung der mystischen Vision ist, die er anbietet. Der deutsche Politologe Eric Voegelin hat die Geschichte, die Vergangenheit und die Zukunft, als ein symmetrisches Ausstrahlen von der Gegenwart beschrieben. Statt das Eschaton in der Gegenwart anzusiedeln und die Evolution in beiden Richtungen zu betrachten, halte ich es für möglich, sich die Zeit als eine endlose Linie vorzustellen. Wenn man die Zeit als asymmetrisch ansieht – wobei die Vergangenheit als stärker festgelegt gilt als die Zukunft –, werden sich die heutigen Bemühungen auf lange Sicht auszahlen.

Das Raum-Zeit-Modell der gewöhnlichen Realität kann noch immer in seiner Gesamtheit als eine Arena für den morphogenetischen Prozeß angesehen werden, der sich über alles erstreckt und uns die Asymmetrie der gewöhnlichen Wahrnehmung im Prozeß vermittelt. Dies versöhnt das Modell der Evolution mit dem Wachsen des morphogenetischen Feldes und so weiter.

Gleichwohl gibt es eine wechselseitige Verknüpfung zwischen der Vergangenheit, der Gegenwart und der Zukunft als Teil eines morphogenetischen Prozesses, der sich über das gesamte Raum-Zeit-Kontinuum erstreckt. Es ist möglich, daß die Musterbildung in der Vergangenheit noch immer stattfindet, während wir sie von der Gegenwart aus wahrnehmen. Wenn wir Archäologie betreiben, rekonstruieren wir die Vergangenheit, genauso wie wenn wir uns an das zu erinnern versuchen, was wir gestern getan oder gesagt haben, wobei wir uns selektiv erinnern, Fehler hineinbringen, die mit jedem Tag fortschreitend zu anderen Fehlern führen, und so weiter. Was das Bewußtsein betrifft, so gibt es eine Morphogenese im gesamten Raum-Zeit-Kontinuum. In diesem Kontext können wir die mystische Anschauung von allem und jedem mit dem Begriff der linearen Evolution in Einklang bringen.

TERENCE: Allerdings glaube ich nicht, daß Pater Bede den orthodoxen Glauben aufgeben würde, und das besondere Kennzeichen der westlichen Orthodoxie – des Judentums, des Christentums wie des Islam – ist die absolute und rückhaltlose Versicherung, daß Gott in einem bestimmten Augenblick in die Geschichte eintreten wird. Das unterscheidet die westlichen von den östlichen Religionen.

RUPERT: Gott wird nicht in die Geschichte eintreten – er ist bereits eingetreten ...

TERENCE: Und wird dies wieder tun. Das ist ein Versprechen, das eingehalten werden muß, und es ist völlig kontraintuitiv, völlig antirational. Es ist viel weniger sinnvoll als das endlose Kreisen des Hinduismus oder der taoistische Quietismus. Im Herzen aller westlichen Religionen gibt es eine irrationale Beharrlichkeit, und ich glaube nicht, daß sie jemals aufgegeben wird.

RUPERT: In unserem Zeitbegriff gibt es eine fundamentale Asymmetrie, die dem System immanent ist, aus dem heraus Pater Bede spricht.

TERENCE: Genau. Die Menschen vergessen beispielsweise, daß Arnold Toynbee noch in der ersten Hälfte des 20. Jahrhunderts ein geschichtsphilosophisches Werk schreiben konnte, in dem er feststellte, Höhepunkt der Geschichte sei der Eintritt Gottes in den dreidimensionalen Raum. Dies gilt als moderne Geschichtsschreibung im Rahmen der westlichen Tradition.

RUPERT: Dazu läßt sich zweierlei sagen. Erstens: In den meisten exoterischen Formulierungen der christlichen Anschauung ist vom Eintritt Gottes am Ende der Zeit die Rede. Die eher mystische Anschauung spricht vom Eintritt Gottes zu jeder Zeit, im Leben aller Gläubigen. In dieser Anschauung sind die Menschen stets potentiell offen für den Geist, weil der Geist inspirierend, dynamisch, bewegend ist – er ist die neue Welle, wenn ihr so wollt, weil er Veränderung bewirkt. Nach der christlichen Anschauung ist Gott keineswegs undifferenziert: Es gibt eine Dreieinigkeit von Geist, Vater und Logos oder Sohn, die in Beziehung zueinander existieren. Der Teil der Trinität, der ein bewegendes Prinzip ist, nämlich der Geist, wird immer in bewegten Bildern dargestellt: als Atem, als Wind, als Feuer, als Flamme, als Vogelflug. Diese Bewegungen sind nicht vorhersehbar, zumindest nicht in einem gewöhnlichen Sinn. Jesus sagt im Johannes-Evangelium zu dem Schriftgelehrten Nikodemus: «Der Wind bläst, wo er will, und du hörst sein Sausen wohl; aber du weißt nicht, woher er kommt und wohin er fährt. So ist es bei jedem, der aus dem Geist geboren ist.» Dahinter steht die Vorstellung, daß der Geist an sich unvorhersehbar ist, ein Bewegungsprinzip, das in allen Menschen und in der gesamten Natur gegenwärtig ist und ein Überraschungsmoment enthält. Und dann gibt es noch das Formprinzip, den Logos, der den Dingen ihre Form verleiht. Der Logos entwickelt sich genauso wie die Schöpfung, und stets wohnt ihm dieser dynamische Geist inne.

In gewisser Hinsicht war die christliche Anschauung nie dekkungsgleich mit der platonischen Anschauung oder mit einem extremen Monotheismus, der eine undifferenzierte, veränderungslose, ewige Einheit außerhalb der Zeit kennt. In der Trinität gibt es den fortschreitenden Prozeß: Der Geist ist der Atem, das Wort ist das gesprochene Wort.

Whitehead, auf den du dich so oft berufst, Terence, war nicht nur ein großer Philosoph, sondern auch der Begründer einer der interessantesten theologischen Schulen des 20. Jahrhunderts. Sein Vater war ein anglikanischer Pfarrer, und er selbst hat sich immer wieder mit theologischen Fragen befaßt. Seine Anschauung von der Wirklichkeit als ein Prozeß bewegte ihn zu einer neuen Interpretation des göttlichen Prozesses und zur Errichtung einer Schule der evolutionären Theologie, der sogenannten Prozeßtheologie. Sie gipfelt in der Vorstellung, daß der evolutionäre Prozeß eine Art göttlicher Prozeß sei, eine Manifestation des göttlichen Prozesses, der sich selbst durch die Schöpfung entfaltet. Daher entwickle sich in gewisser Hinsicht auch Gott. Prozeßtheologen sprechen von zwei Polen des Göttlichen: von einem ewigen Pol, der unveränderlich ist, und von einem evolutionären Pol, der sich stets verändert. Irgendwie kommen diese Pole in einer endgültigen Kulmination zusammen.

Nach dieser Anschauung bekommen wir einen viel größeren Sinn für den evolutionären Prozeß auf der Erde und im ganzen Kosmos, nämlich als Teil des göttlichen Prozesses, nicht also etwas, was sich außerhalb von diesem abspielt. Ja, das Aussprechen des

Wortes, das schwingende Erscheinen der Dinge in der Zeit kann als das wahre Wesen der göttlichen Natur angesehen werden. Das hat der Theologe Matthew Fox zum Teil mit dem Wort vom kosmischen Christus gemeint. Wenn es im Johannes-Evangelium heißt: «Im Anfang war das Wort», dann bedeutet das nicht, daß am Anfang Jesus von Nazareth war. Vielmehr meint Johannes, daß am Anfang der kosmische Schöpfungsprozeß war, mit Bewußtsein, Bedeutung und einer schwingenden Natur. «Wort» impliziert einen Prozeß in der Zeit, mit einem Anfang, einer Mitte und einem Ende. Das ganze Universum ist, in gewisser Hinsicht, der kosmische Christus, ein göttlicher, schöpferischer Kosmos.

RALPH: Das ist genau das, was ich mit dem Raum-Zeit-Modell der Realität gemeint habe: das Raum-Zeit-Kontinuum mit allen damit verbundenen Phänomenen – dem individuellen Bewußtsein, dem morphogenetischen Feld, den Wellenfunktionen der Quantenmechanik, den zusätzlichen Dimensionen der Metapher und so weiter. Wir könnten einfach vom Logos sprechen und das Wort «Wort» vermeiden, wegen der gewohnheitsmäßig damit verbundenen Assoziation mit dem Klang und den niedriger dimensionierten Sprachen.

RUPERT: Ich glaube, es ist besser, diese Assoziation zu erhalten, weil Klang und Wort das gleiche Gefühl von Anfang und Ende vermitteln wie Logos. Wenn wir auf die griechische Philosophie zurückgreifen, können wir leicht in eine unbeabsichtigte platonische Anschauung zurückfallen.

RALPH: Wie du willst. Dieses Bewußtsein Gottes läßt sich durchaus mit der Anschauung von der allgemeinen Relativität und der Quantenmechanik vereinbaren, wo die Funktionen, die die gewöhnliche Realität und die gewöhnlichen Wahrnehmungen beschreiben, über die Gesamtheit von Raum und Zeit verteilt sind, Schwingungen in der Vergangenheit noch in die Zukunft hineinreichen und umgekehrt. Aus dieser Perspektive kommst du zu so etwas wie einer evolutionären Gleichung, in der sich nicht nur die Krümmung des Raums, sondern auch die ganze Topologie des Raums, einschließlich der Schwarzen Löcher wie auch der Wurmlöcher, in der Zeit entwickelt. Wenn du diesem Bild allerdings irgendeine Art Grenzbedingung zuordnest, etwa eine Hypothese der Zukunft oder eine Hypothese der Vergangenheit, dann ist die mögliche Topologie in dieser Evolution entschieden eingeschränkt.

Was du behauptest, ist durchaus mit dem modernen wissenschaftlichen Verständnis vom Universum vereinbar. Dies könnte zwar auch als eine Entwicklung der Kosmologie interpretiert werden, aber inzwischen haben wir ein ganz anderes Bild von der mystischen Einheit als zuvor. Trotzdem scheint mir noch eine Diskrepanz zu bestehen, nämlich zwischen der Vorstellung eines linearen Fortschritts und der Asymmetrie der Zeit auf der einen Seite und der mystischen Anschauung von der Einheit der Dinge auf der anderen. Sogar die Integration Gottes in das Modell läßt sich als eine Art Reißverschluß vorstellen, der offen ist und nur an den Enden verhakt. Gott interveniert hier und da. Dazwischen haben die Menschen und andere Geschöpfe die Freiheit, so viel zu vermasseln, wie sie wollen.

Andererseits verweist die Vorstellung von der immerwährenden Intervention Gottes auf eine eher ganzheitliche Verknüpftheit der Dinge. Der Reißverschluß ist zugezogen, und das Bewußtsein ist die ganze Zeit mit allem total verbunden. Ich meine, dies sind zwei völlig unterschiedliche Anschauungen. Wenn ich deine Ausführungen über die Prozeßtheologie richtig verstanden habe, so scheint sie mir mit der modernen Anschauung vollkommen in Einklang zu stehen.

Aus der Perspektive des Chaos, glaube ich, kann das Entstehen der Form aus dem Chaos im morphogenetischen Prozeß entweder als im Rahmen des linearen Fortschreitens der Zeit oder außerhalb davon stattfindend verstanden werden. Mir ist die Vorstellung lieber, daß es die ganze Zeit damit verbunden ist und daß das lineare Fortschreiten der Zeit eine Art von Illusion ist, die für das biologische Leben normal ist.

RUPERT: Es ist nicht exakt linear – es ist in einer Entwicklung begriffen. Eine Möglichkeit, dies darzustellen, bietet die Idee der Entelechie, die einen lebenden Organismus auf ein Ende oder Ziel hinzieht. Nach Aristoteles zieht die Entelechie der Eiche die Eichel auf die ausgewachsene Form der Eiche hin. Dieser Prozeß kann gestört werden: Insekten fressen die Blätter, Blitze treffen den Baum, Zweige werden von einem Sturm abgerissen, es kann zu einer langen Dürre kommen – all diese Dinge können geschehen. Der genaue Entwicklungsverlauf ist nicht exakt vorhersagbar, aber die Entelechie arbeitet weiterhin auf die ausgewachsene Form hin und sorgt dafür, daß sie sich nach einer Beschädigung regeneriert. Sofern sie nicht abgetötet wird, setzt sie unaufhaltsam ihre Entwicklung fort.

Eine andere Möglichkeit, den Evolutionsprozeß darzustellen, bietet die Idee einer Anziehung, die die Schöpfung zu einer Art von Vollendung oder Kulmination hin lockt, wie Prozeßtheologen es ausdrücken würden. Dieses kosmische Ende oder Ziel ist Teilhard de Chardins Punkt Omega. Terence nennt ihn den kosmischen Attraktor. Unterwegs kann es Umwege, Abschweifungen und sonstige Freiheiten geben, aber dennoch ist da eine Art von Attraktor, zu dem alles hingezogen wird. Das scheint mir völlig in Einklang mit der traditionellen christlichen Anschauung zu stehen, auch wenn Terence es zwingender artikuliert als die meisten professionellen Vertreter des Christentums – und überzeugender.

RALPH: Ich mag solche dynamischen Metaphern wie das «Locken von Attraktoren». Aber aus der Perspektive des Entwicklungsaspekts der Zeit gibt es in der Dynamik von Prozeß und Geschichte doch gewisse Augenblicke der Bifurkation. In einer dynamischen Metapher kann die Bifurkation die Zeit sein, wenn das Locken der Entelechie einen Augenblick der Unbestimmtheit passiert. In einem derartigen Augenblick kann die Intervention Gottes völlig abgestimmt sein auf diese dynamischen Vorgänge. Eine Bifurkation in der Geschichte wie zum Beispiel die Renaissance ist eine Zeit, in der alles passieren kann und wir nicht genau wissen, was sich entwikkeln wird. In chaotischen dynamischen Systemen können Bifurkationen in Form von fraktalen Haufen vorkommen, die man fraktale Bifurkationsvorgänge nennt, und das bedeutet, daß du etwas hast, was – wie in der Cantor-Menge* von Bifurkationsmomenten – Momente der Unbestimmtheit erzeugt, die eine ziemlich große Menge Zeit ausfüllen. Mit anderen Worten: Die Augenblicke, in denen die Intervention Gottes oder sogar des menschlichen Willens die Geschichte beeinflussen kann, kommen sehr häufig vor, sogar während eines einzelnen Tages.

TERENCE: Das hört sich ja wie die Zeitwelle an.

RALPH: Genau. Es ist gewissermaßen eine Schwachstelle des Entelechie-Konzepts. Da versagt Aristoteles, und Platon setzt sich durch. In diesem Prozeß gibt es sehr viel Flexibilität, wenn man ihn nämlich unter dem Aspekt der dynamischen Metapher betrachtet, daß die Eichel, von der Aristoteles spricht, ein Baum mit fünf Ästen oder ein Baum mit drei Ästen werden könnte. Sogar in der Mikrostruktur der Zeit können sich eine Menge Variationen ergeben, etwa in den nur Mikrosekunden währenden Zellteilungsvorgängen und so weiter. Diese Variabilität durchdringt auf fraktale Weise die gesamte Struktur der Zeit und die göttliche Regelung der Ereignisse. Im Grunde befreit uns das von der schlichten Vorstellung der Entelechie, dem Locken, das vom Endziel des Prozesses ausgeht.

RUPERT: Es gibt im Verlauf des Prozesses in der Tat eine Menge Freiheit in Form von Bifurkationen. Bei der Eiche, also der von Aristoteles gewählten Analogie, ist ja allein schon das Adernmuster bei jedem Blatt anders.

* Die Cantor-Menge ist eines der ersten Fraktale. Man konstruiert sie, indem man das mittlere Drittel eines Intervalls aus realen Zahlen entfernt, dann wieder die mittleren Drittel der verbleibenden Intervalle entfernt und dies unendlich oft wiederholt (siehe dazu auch 7. Kapitel).

RALPH: Aber es ist noch immer eine Eiche.

RUPERT: Und jedes Blatt ist noch immer ein Eichenblatt. Doch wenn du das Adernmuster in einem Blatt betrachtest, dann ist dies buchstäblich ein Urbild der Bifurkation. Im Verzweigen der Adern hast du in jedem Blatt ein anderes Muster vor dir, während die Gesamtstruktur noch immer die gleiche ist. Auf einen Blick kannst du sagen, daß es eine Eiche ist und nicht eine Buche.

RALPH: Wenn man sich vorstellt, daß sich das morphogenetische Feld über die gesamte Zeit erstreckt, wobei ein spezieller Scheinwerfer auf die gegenwärtige Bewegung gerichtet ist, die weitergeht, dann ist die Entwicklung einer ausgewachsenen Eiche mit einer unbestimmten Anzahl von Blättern bereits auf eine probabilistische Art und Weise in die Zukunft projiziert. Die Entwicklung der Eiche bildet die allmähliche Konkretisierung dieser Probabilitätswelle, während sich der Scheinwerfer der Zeit weiterbewegt. Aus der Perspektive der mystischen Einheit erstrecken sich diese Felder wirklich über die Gesamtheit der Zeit, selbst wenn sie unendlich fern in der Vergangenheit und in der Zukunft ist.

TERENCE: Dabei gilt es unbedingt zu beachten, daß die Gesamtheit der Zeit vermutlich nicht das gleiche ist wie die Ewigkeit.

RUPERT: Das würde aus der Vorstellung der Entelechie folgen, die ja zu einer Kulmination führt, auf die sich Lebewesen zubewegen. Die einzige Möglichkeit, zur Ewigkeit zu gelangen, besteht darin, daß man am Ende einen neuen Zyklus anhängt.

RALPH: Richtig.

RUPERT: Anders gesagt: So wie die Eiche immer wieder Eicheln ansetzt, so bringt das Universum ein Baby-Universum hervor, und alles beginnt von vorn. Das ist nicht etwas, was *innerhalb* unseres Universums passiert, das ja per definitionem eine Einheit ist – ein

*Uni*versum und kein *Multi*versum. Wenn unser Universum einen Attraktor aufweist, in Form eines universalen Prozesses, dann kann die Frage offenbleiben, ob es nach ihm noch ein anderes Universum geben wird. Da gibt es eine Kulmination, das Universum erlebt seine Blüte, seine Reife. Aber wenn sich die Evolution detailliert entfaltet, erhalten wir Galaxien, Sterne, Planetenmoleküle, Kristalle, Fische, Kamele und so weiter – eine riesige Formenvielfalt. Im Evolutionsprozeß steckt eine Menge Freiheit, einschließlich dem Evolutionsprozeß des Menschen. Alles könnte sich auch ganz anders entwickeln.

Das Jahr 2012 mag für den Menschen der Augenblick der Wahrheit sein – aber er wird vielleicht nicht der *kosmische* Augenblick der Wahrheit sein oder vielleicht auch nicht einmal der Augenblick der Wahrheit für das Leben auf dieser Erde. Terence' Konzept basiert auf der Menschheitsgeschichte, und falls die Menschen Mist bauen sollten, dann wird das Jahr 2012 vielleicht nichts weiter als den Zusammenbruch der Zivilisation markieren: durch gigantische Katastrophen, Hungersnöte, Bürgerkriege in epidemischem Ausmaß ... Von der Menschheit werden nur noch ein paar verstreute Banden von Überlebenden übrigbleiben ...

RALPH: ... und die Mikroben fangen wieder von vorn an.

RUPERT: Oder die Wale, die Delphine oder was auch immer. Vielleicht reiten sie dann auf der Zeitwelle der Evolution. Terence' Beweisführung bezieht sich, wie gesagt, nur auf die Menschheitsgeschichte. Von ein paar Seitenblicken auf die Sonne und die Neutrinos abgesehen, ignoriert sie fast den gesamten Kosmos. Vielleicht führt ja die Zeitwelle zu einer Kulmination unserer Spezies, während sich eine andere Art von Zeitwelle um die Evolution anderer Spezies bemüht. Vielleicht gibt es auch eine Zeitwelle, die den gesamten Kosmos betrifft. Aus diesem Grund lohnt es sich, gewisse astronomische Indikatoren zu betrachten, wie etwa Schwankungen in den Sonnenfleckenzyklen oder das Auftreten von Supernovae, explodierenden Sternen, die intensive Strudel des Neuen sind. Wir könnten das Auftreten von Supernovae im ganzen Universum betrachten und daraus eine Art Index für die Verteilung des Neuen in Zeit und Raum in einem kosmologischen Maßstab ableiten.

TERENCE: Die Bildung von Galaxienhaufen in den Tiefen des Weltalls stellt ja an sich eine Anhäufung von Neuem dar, und zwar in einer Größenordnung, die komplexer ist als der leere Raum dazwischen. Seit der Entdeckung des großen Attraktors haben wir Grund zu der Annahme, daß jedes Phänomen, das wir im Universum beobachten können, sich vehement auf etwas zu bewegt, und zwar aufgrund der Anziehung irgendeines größeren Systems. Es gibt doch ganze Gruppen von Galaxien, die durch Anziehungskräfte miteinander verbunden sind, planetarische Systeme, menschliche Gesellschaftssysteme, subatomare Systeme, die alle an ihren lokalen Attraktor gebunden sind und durch das Ganze gepumpt werden, als eine Teilmenge dieses noch größeren Anziehungsprozesses.

RALPH: Das heißt doch, daß wir uns das Eschaton nicht so sehr als einen Urknall oder als die Kulmination des gesamten Bewußtseins im Universum oder sonst etwas vorstellen sollten, sondern die Entelechie als etwas in der Zeit Verteiltes ansehen können. Das kann die menschliche Spezies ihren Punkt Omega in einem bestimmten Moment auf der Zeitskala des Universums erleben, während der Kernreaktionsprozeß der Sonne, das Sonnensystem selbst jeweils ihren eigenen Punkt Omega haben. Angesichts all der unterschiedlichen Skalen des wahrnehmbaren Universums, die in Zeit und Raum verteilt sind, können wir somit sagen, daß es überall Entelechie gibt, und jede umfaßt ein ausgesprochen reales Raum-Zeit-Kontinuum. Dieses Verteilungsmodell der Entelechie hätte eine Art von Wellenfunktion, mit ihren eigenen Zeit- und Neuheitswellen, ihren eigenen Wahrscheinlichkeitsfunktionen, morphogenetischen Feldern und so weiter. Auf diese Weise können wir uns von der Teilchenanschauung der Entelechie lösen und zur Wellenteilmenge gelangen, einem neuen Modell des Universums.

Die seltsame Faszination, welche die Entelechie und das Eschaton ausübt, wurde von Sigmund Freud als eine Manifestation des Thanatos bezeichnet. Wir sind zwar fasziniert von unserem eigenen Tod, verleugnen ihn aber und übertragen sein Wirken auf größere Sphären. Da wir auf unserer Suche nach dem letztendlichen Tod nun so etwas wie die größte Sphäre von allem und jedem erreicht haben, könnten wir vielleicht derartige Überlegungen auch hinsichtlich der Kreativität und der Geburt anstellen und im Eichensamen, der zum ausgewachsenen Baum heranwächst, das höchste Prinzip des Lebens erkennen. In diesen Samen sind Chancen der Neugeburt überall in Raum und Zeit und in der gesamten Realität des Universums verteilt.

Die Autoren

Ralph Abraham

kam 1936 nahe dem Campus der Universität von Vermont zur Welt und entdeckte bereits mit fünfzehn Jahren seine Liebe zur Mathematik. Nach einem Technikstudium an der Universität von Michigan, wo er an der Entwicklung der ersten großen Blasenkammer mitarbeitete, sattelte er 1960 auf die Dynamische Systemtheorie (Chaostheorie) an der Universität von Kalifornien in Berkeley um. In den sechziger Jahren lehrte er an der New Yorker Columbia-Universität sowie in Princeton und verfaßte drei Arbeiten über Höhere Mathematik, darunter *Foundations of Mechanics*. Als er 1968 an die Universität in Santa Cruz, Kalifornien, ging, konvertierte er von der reinen zur angewandten Mathematik, richtete ein Graduiertenprogramm in angewandter Mathematik und Computermathematik ein und veröffentlichte eine anschauliche Einführung in die Dynamik (*Dynamics. The Geometry of Behavior*). In den achtziger Jahren begann er sich für Kulturgeschichte zu interessieren, schrieb ein Buch über Mathematik und die lange Tradition des Orphizismus *(Chaos, Gaia, Eros)* und beteiligte sich an den Gesprächen mit Rupert Sheldrake und Terence McKenna. Seit seiner Emeritierung in den neunziger Jahren schreibt er weiterhin Bücher und bringt CD-ROMs sowie Bildungsprogramme für das World Wide Web heraus. Er ist Autor von *The Web Empowerment Book* und im WWW unter *http://hypatia.ucsc.edu* zu erreichen.

Terence McKenna

Der 1946 geborene Autor und Forschungsreisende hat sich während der letzten 25 Jahre mit den ontologischen Grundlagen des Schamanismus und der Ethnopharmakologie der spirituellen Wandlung beschäftigt. Sein Studium in Berkeley, Kalifornien, schloß er in den Fächern Ökologie, Ressourcenschutz und Schamanismus ab. Anschließend unternahm er ausgedehnte Reisen durch die Tropen Asiens und der Neuen Welt, wo er Feldforschung auf dem Gebiet des Schamanismus und der Ethnomedizin des Amazonasbeckens betrieb. Mit seinem Bruder Dennis schrieb er die Bücher *The Invisible Landscape* und *Psilocybin: The Magic Mushroom Growers' Guide.* Zu seinen weiteren Veröffentlichungen zählen eine Studie über die Auswirkungen psychotropischer Pflanzen auf die menschliche Kultur und Entwicklung, *Food of the Gods*, eine Sammlung von Essays und Gesprächen, *The Archaic Revival*, sowie *True Hallucinations* (dt: *Wahre Halluzinationen*, 1989), eine autobiographische Abenteuergeschichte, und gemeinsam mit Ralph Abraham und Rupert Sheldrake das Buch *Denken am Rande des Undenkbaren* (1993). McKenna hat außerdem eine Reihe von CDs herausgebracht und ist mit Musikgruppen wie *The Shamen* und *Zuvuya* in England sowie *Space/Time Continuum* in San Francisco aufgetreten. Er hat zwei Kinder, ein Mädchen und einen Jungen. Gegenwärtig lebt er in paradiesischer Abgeschiedenheit auf Hawaii, wo er seine Zeit mit Schreiben und «Surfen» im World Wide Web verbringt. Seit neuestem befaßt er sich mit Rave-Kultur, Multimedia und fraktalen Modellen historischer Vorgänge.

Rupert Sheldrake

wurde 1942 im englischen Newark-on-Trent geboren. Er studierte Naturwissenschaften in Cambridge und Philosophie in Harvard. 1967 promovierte er in Cambridge in Biochemie und wurde noch im selben Jahr Dozent am dortigen Clare College sowie Studiendirektor für die Fächer Biochemie und Zellbiologie und arbeitete als Forschungsstipendiat der Royal Society über Pflanzenwachstum und Zellenalterung. Von 1974 bis 1978 war er Pflanzenphysiologe am International Crops Research Institute for the Semi-Arid Tropics (ICRISAT) im indischen Hyderabad, danach noch bis 1985 wissenschaftlicher Berater des ICRISAT. Anderthalb Jahre lang lebte er im Ashram von Pater Bede Griffiths in Südindien, wo er das Buch *A New Science of Life* (dt: *Das schöpferische Universum,* 1983) schrieb. Außerdem ist er Autor von *The Presence of the Past* (dt: *Das Gedächtnis der Natur,* 1990), *The Rebirth of Nature* (dt: *Die Wiedergeburt der Natur,* 1991), *Seven Experiments that Could Change the World* (dt: *Sieben Experimente, die die Welt verändern könnten,* 1994) und zusammen mit Ralph Abraham und Terence McKenna Co-Autor von *Trialogues at the Edge of the West* (dt: *Denken am Rande des Undenkbaren,* 1993). Zur Zeit ist er Fellow am Institute of Noetic Sciences in San Francisco. Er ist verheiratet, hat zwei Söhne und lebt in London.

Quellen- und Literaturverzeichnis

Abraham, Ralph: «Human Fractals. The Arabesque on Our Mind», in: *Visual Anthropological Review*, 9, 1993, S. 52–55.

–, Jas, Frank u. Russell, Willard: *The Web Empowerment Book. An Introduction and Connection Guide to the Internet and the World Wide Web*, New York 1995.

–: *Gaia, Chaos, Eros. The Orphic Trinity in Myth and Science*, in Vorbereitung.

Alfvén, Hans: *Kosmologie und Antimaterie. Über die Entstehung des Weltalls*, Frankfurt/M. 1969.

Argüelles, José: *Der Maya-Faktor. Geheimnisse einer außerirdischen Kultur*, München 1990.

Aurobindo, Sri: *Das Göttliche Leben*, 3 Bde., Gladenbach 1991 (2. Aufl.).

Bohm, David: *Die implizite Ordnung*, München 1987.

Borges, Jorge Luis: *Labyrinthe*, München 1959.

Cohn, Norman: *Das Ringen um das tausendjährige Reich. Revolutionärer Messianismus im Mittelalter und sein Fortleben in den modernen totalitären Bewegungen*, Bern 1961.

Darwin, Charles: *Das Variieren der Tiere und Pflanzen im Zustande der Domestikation*, Stuttgart 1868.

Eisler, Riane: *Kelch und Schwert. Von der Herrschaft zur Partnerschaft. Weibliches und männliches Prinzip in der Geschichte*, München 1993.

Force, James E.: *William Whiston, Honest Newtonian*, Cambridge 1985.

Fox, Matthew: *Vision vom kosmischen Christus. Aufbruch ins dritte Jahrtausend*, Stuttgart 1991.

Goedel, Kurt: *Collected Works*, Oxford 1986.

Jenny, Hans: *Kymatik. Wellen und Schwingungen mit ihrer Struktur und Dynamik*, München 1967.

Lovelock, James: *Das Gaia-Prinzip. Die Biographie unseres Planeten*, München 1991 (auch Insel-Tb. 1542).

Manuel, Frank E. (Hg.): *Wunschtraum und Experiment. Vom Nutzen und Nachteil utopischen Denkens,* Freiburg/Brsg. 1970.
McKenna, Terence: *Wahre Halluzinationen,* Basel 1989.
–: *Food of the Gods,* New York 1992.
–: *The Archaic Revival,* San Francisco 1992.
– u. Dennis: *The Invisible Landscape,* New York 1975.
McLuhan, Marshall: *Die Gutenberg-Galaxis,* Düsseldorf 1968 (Neuausg. Bonn 1995).
–: *Die magischen Kanäle,* Düsseldorf 1968 (Neuausg. 1992).
Plotin: *Ausgewählte Einzelschriften,* Hamburg 1960 ff.
Roquet, Salvador: *El convento de Actopan, hoy museo colonial; resena historico-descriptiva, con diez fotograbados y un codice,* Mexico City 1940.
Santillana, Giorgio de, u. Dechend, Hertha v.: *Die Mühle des Hamlet. Ein Essay über Mythos und den Geist der Zeit,* Wien 1994.
Sheldrake, Rupert: *Das schöpferische Universum. Die Theorie des morphogenetischen Feldes,* München 1983 (auch Ullstein-Tb. 35359).
–: *Das Gedächtnis der Natur. Das Geheimnis der Entstehung der Formen in der Natur,* Bern 1990.
–: *Die Wiedergeburt der Natur. Wissenschaftliche Grundlagen eines neuen Verständnisses der Lebendigkeit und Heiligkeit der Natur,* Bern 1991.
–: *Sieben Experimente, die die Welt verändern könnten. Anstiftung zur Revolutionierung des wissenschaftlichen Denkens,* Bern 1994.
–, McKenna, Terence u. Abraham, Ralph: *Denken am Rande des Undenkbaren. Über Ordnung und Chaos, Physik und Metaphysik, Ego und Weltseele,* Bern 1993.
Teilhard de Chardin, Pierre: *Der Mensch im Kosmos,* München 1959 (Neuausg. 1994).
Tillich, Paul: «Die politische Bedeutung der Utopie im Leben der Völker», in: *Gesammelte Werke,* Bd. VI., Berlin 1963, S. 157 ff.
Velikovsky, Immanuel: *Welten im Zusammenstoß,* Frankfurt/M. 1978 (auch Ullstein-Tb. 35407).
Voegelin, Eric: *Ordnung, Bewußtsein, Geschichte,* Stuttgart, 1988.
Waddington, C. H.: *Die biologischen Grundlagen des Lebens,* Braunschweig 1966.
West, Delno C. u. Zimdars-Swartz, Sandra: *Joachim of Fiore:. A Study in Spiritual Perception and History,* Bloomington/Ind. 1983.
Whitehead, Alfred North: *Prozeß und Realität. Entwurf einer Kosmologie,* Frankfurt/M. 1979 (auch Suhrkamp-Tb. 690).

Personen- und Sachregister